# 3D
# 打印技术揭秘

吴瑜鹏　熊金泉　著

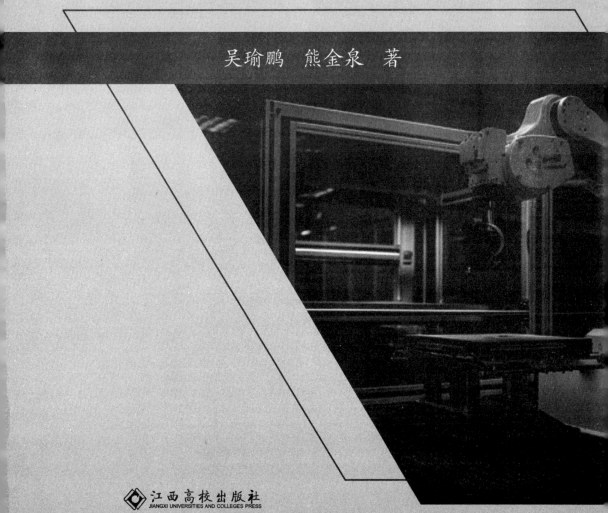

江西高校出版社
JIANGXI UNIVERSITIES AND COLLEGES PRESS

**图书在版编目(ＣＩＰ)数据**

3D 打印技术揭秘/吴瑜鹏,熊金泉著.--南昌:江西
高校出版社,2023.6(2024.9重印)

ISBN 978－7－5762－3878－5

Ⅰ.①3… Ⅱ.①吴… ②熊… Ⅲ.①快速成型
技术 Ⅳ.①TB4

中国国家版本馆 CIP 数据核字(2023)第 084794 号

| | |
|---|---|
| 出 版 发 行 | 江西高校出版社 |
| 社 址 | 江西省南昌市洪都北大道 96 号 |
| 总编室电话 | (0791)88504319 |
| 销 售 电 话 | (0791)88522516 |
| 网 址 | www.juacp.com |
| 印 刷 | 三河市京兰印务有限公司 |
| 经 销 | 全国新华书店 |
| 开 本 | 700mm×1000mm 1/16 |
| 印 张 | 7.5 |
| 字 数 | 110 千字 |
| 版 次 | 2023 年 6 月第 1 版<br>2024 年 9 月第 2 次印刷 |
| 书 号 | ISBN 978－7－5762－3878－5 |
| 定 价 | 58.00 元 |

赣版权登字－07－2023－369

# 前言

　　3D 打印技术是一种新兴增材制造技术,它已经从前期新兴的爆发式增长时期进入了应用的稳健时期。3D 打印技术是在传统的材料科学、制造技术与信息技术的基础上孵化出来的,是这三大产业高度融合和创新的产物,现如今已融入产品的研发、设计、生产的各个环节。大家已经不再考虑用或不用 3D 打印技术,只会考虑如何使用、如何在 3D 打印技术上依据本行业的特点创新地应用。3D 打印技术是推动生产方式向定制化、快速化发展的重要途径,是优化、补充传统制造方法,催生生产新模式、新业态和新市场的重要手段。当前,3D 打印技术已逐步应用在装备制造、机械电子、军事、医疗、建筑、食品等多个领域。

　　本团队是江西最早接触 3D 打印技术的团队之一。从企业考察到参加展会,再到尝试组装简单的 3D 打印机,团队一直在研究 3D 打印及行业的发展。2015 年,团队申报并成功立项国家自然科学基金项目"基于特征建模的陶瓷产品三维设计与可视化",还申报并立项了"基于 Android 的 3D 打印陶瓷定制系统研发""3D 打印中三维快速设计成型软件系统的研发""陶瓷产品三维计算机设计与可视化系统开发"等一系列省级重点项目。2016 年,团队开始筹备并建成校级"3D 打印实验室",给教学科研人员提供了一个良好的研究平台。

由于学院是师范类性质,所以本团队基于 3D 打印实验室孵化了一个师范生的社会实践项目——"创客夏令营"。该项目从 2019 年暑假开始与地方教体局合作主办公益性质的创客夏令营,让培育好的师范大学生团队在暑期手把手教四年级至九年级的中小学生学习 3D 造型的少儿编程,并现场展示 3D 打印实体模型。"创客夏令营"既培养了大学生的教学能力,也给中小学生提供了一个科技的创新平台,是个双赢的项目。

本书是国家自然科学基金项目"基于特征建模的陶瓷产品三维设计与可视化"(61562063)的后期成果。作者结合从事 3D 打印技术应用的切身体会和研究成果编写了本书,旨在让读者快速了解 3D 打印行业。本书尤其适合研究中小学创客教育的老师参考阅读。

本书由团队负责人熊金泉指导,吴瑜鹏负责撰稿、统稿。参与本书校稿工作的有程炜、翟雯丽、陈雯佳、贺金兰、米圣楠、詹婧仪、王春秀、孙林、张泉华、樊宇鑫、张观发等同学。

在此感谢所有在本书编写过程中给予过帮助的专家、教师、学生们。由于编者水平有限,不足之处在所难免,欢迎各位读者批评、指正。

2023 年 4 月

# 目 录

CONTENTS

# 第一章  3D 打印简介

## 1.1  3D 打印介绍

3D 打印(three dimensional printing)是快速成型技术的一种,又称增材制造。它是一种以数字模型文件为基础,运用粉末状金属或塑料等可黏合材料,通过逐层打印的方式来构造物体的技术。

3D 打印通常是采用数字技术材料打印机来实现的,常在模具制造、工业设计等领域用于制造模型,后逐渐用于一些产品的直接制造,已经有使用这种技术打印而成的零部件。该技术在珠宝、鞋类、工业设计、建筑、工程和施工(AEC)、汽车、航空航天、牙科和医疗产业、教育、地理信息系统、土木工程等领域都有所应用。

日常生活中使用的普通打印机可以打印电脑设计的平面物品,而 3D 打印机与普通打印机工作原理基本相同,只是打印材料有些不同:普通打印机的打印材料是墨水和纸张,而 3D 打印机内装有金属、陶瓷、塑料、砂等不同的"打印材料",是实实在在的"原材料"。3D 打印机与电脑连接后,通过电脑控制可以把"打印材料"一层层叠加起来,最终把计算机上的蓝图变成实物。通俗地说,3D 打印机是可以"打印"出真实的 3D 物体的一种设备,可以打印一个机器人、一辆玩具车,打印各种模型,甚至是食物等等。之所以通俗地称其为"打印机"是因为其分层加工的过程与喷墨打印十分相似。这项打印技术被称为 3D 立体打印技术。

3D 打印有许多不同的技术类型。它们的不同之处在于所使用的材料及方式。3D 打印常用材料有尼龙玻纤、耐用性尼龙材料、石膏材料、铝材料、钛合金、不锈钢、镀银、镀金、橡胶类材料等。

"3D 打印的确更适合一些小规模制造,尤其是高端的定制化产品,比如汽车零部件制造。虽然主要材料还是塑料,但未来金属材料肯定会被运用到 3D 打印中来。"克伦普说。近年来,3D 打印技术先后进入了牙医、珠宝、医疗行业,未来可应用的范围会越来越广。2014 年 11 月末,3D 打印技术被《时代》周刊评为 2014 年 25 项年度最佳发明之一。对消费者和企业而言,这是一种福音。仅在过去一年中,中学生们 3D 打印了用于物理课实验的火车车厢,科学家们 3D 打印了人类器官组织,通用电气公司则使用 3D 打印技术改进了其喷气引擎的效率。美国三维系统公司的 3D 打印机能打印糖果和乐器等,该公司首席执行官阿维・赖兴塔尔说:"这的确是一种巧夺天工的技术。"

## 1.2　3D 打印过程

### 1.2.1　三维设计

3D 打印的设计过程是:先通过计算机建模软件建模,再将建成的三维模型"分区"成逐层的截面,即切片,从而指导打印机逐层打印。

设计软件和打印机之间协作的标准文件格式是 STL(Stereolithography,光固化立体造型术的缩写)。一个 STL 文件使用三角面来近似模拟物体的表面。三角面越小其生成的表面分辨率越高。PLY 是一种通过扫描产生三维文件的扫描器,其生成的 VRML 或者 WRL 文件经常被用作全彩打印的输入文件。

### 1.2.2　切片处理

打印机通过读取文件中的横截面信息,用液体状、粉状或片状的材料将这些截面逐层打印出来,再将各层截面以各种方式黏合起来,从而制造出一个实体。这种技术的特点在于其几乎可以造出任何形状的物品。

打印机打出的截面的厚度(即 Z 方向)以及平面方向(即 X - Y 方向)的分辨率是以 DPI(每英寸像素点数)或者微米来计算的。一般的厚度为 100 微米,即 0.1 毫米,也有部分打印机如 Objet Connex 系列、三维 Systems' ProJet 系列,可以打印出 16 微米薄的一层。而平面方向则可以打印出跟激光打印机相近的分辨率。打印出来的"墨水滴"的直径通常为 50—100 微米。用传统方法制造出一个模型通常需要数小时乃至数天,具体时间根据模型的尺寸以及复杂程度而有所不同。而用 3D 打印技术则可以将时间缩短为数个小时,当然这也是由打印机的性能以及模型的尺寸和复杂程度而定的。

　　传统的制造技术,如注塑法可以以较低的成本大量制造聚合物产品,而3D 打印技术则能以更快、更有弹性以及更低成本的办法生产数量相对较少的产品。一个桌面尺寸的 3D 打印机就可以满足设计者或概念开发小组制造模型的需要。

### 1.2.3　完成打印

　　3D 打印机的分辨率对大多数应用来说已经足够(在弯曲的表面可能会比较粗糙,像图像上的锯齿一样),若要获得更高分辨率的物品,可以先用当前的 3D 打印机打出稍大一点的物体,再稍微经过表面打磨即可得到表面光滑的"高分辨率"物品。

　　有些技术可以同时使用多种材料进行打印。有些技术在打印的过程中还会用到支撑物,比如在打印一些有倒挂状的物体时就需要用到一些易于除去的东西(如可溶物)作为支撑物。

## 1.3　3D 打印应用领域

### 1.3.1　国际空间

　　2018 年 12 月 3 日,一台名为 Organaut 的突破性 3D 打印装置,被执行"58 号远征"(Expedition 58)任务的"联盟 MS-11"飞船送往国际空间站。打印机由俄罗斯医疗企业 Invitro 的子公司——3D 生物打印解决方案(3D Bio-printing Solutions)建造。Invitro 随后收到了从国际空间站传回的一组照片,通过这些照片可以看到老鼠的甲状腺是如何被打印出来的。2019 年 7 月,美国也将一台 3D 生物打印机送上了国际空间站。

　　2020 年 5 月 5 日,中国首飞成功的长征五号 B 运载火箭上,搭载着新一代载人飞船试验船,船上还搭载了一台 3D 打印机。这是中国首次太空 3D 打印实验,也是国际上第一次在太空中开展连续纤维增强复合材料的 3D 打印实验。

### 1.3.2　海军舰艇

2014 年 6 月 24 日至 26 日,美国海军在作战指挥系统活动中举办了第一届制汇节,开展了一系列关于"打印舰艇"的研讨会,并在此期间向水手及其他相关人员介绍了 3D 打印及增材制造技术。

美国海军致力于未来在这方面培训水手。采用 3D 打印及其他先进制造方法,能够显著提升执行任务速度及预备状态,降低成本,避免从世界各地采购舰船配件。

美国海军作战舰队后勤科副科长 Phil Cullom 表示,考虑到成本和海军后勤及供应链现存的漏洞,以及面临的资源约束,先进制造与 3D 打印的应用越来越广,他们设想了一个由技术娴熟的水手支持的先进制造商的全球网络,找出问题并制造产品。

### 1.3.3　航天科技

2014 年,NASA(美国国家航空航天局)完成首台成像望远镜的制作,所有元件全部通过 3D 打印技术制造。NASA 也因此成为首家尝试使用 3D 打印技术制造整台仪器的单位。

这款太空望远镜功能齐全,50.8 毫米的摄像头使其能够放进立方体卫星(CubeSat,一款微型卫星)当中。据了解,这款太空望远镜的外管、外挡板及光学镜架全部作为单独的结构直接打印而成,只有镜面和镜头尚未实现打印。该仪器还于 2015 年开展了震动和热真空测试。

这款长 50.8 毫米的望远镜全部由铝和钛制成,而且只需通过 3D 打印技术制造 4 个零件即可,相比而言,传统制造方法所需的零件数是 3D 打印的 5 到 10 倍。此外,在 3D 打印的望远镜中,可将用来减少望远镜中杂散光的仪器挡板做成带有角度的样式,这是传统制作方法在一个零件中无法实现的。

2014 年 8 月 31 日,NASA 的工程师们完成了 3D 打印火箭喷射器的测试,该测试的目的在于提高火箭发动机某个组件的性能。由于喷射器内液态氧和气态氢一起混合反应,这里的燃烧温度可达到 6000 华氏度,大约为 3315 摄氏度,可产生 2 万磅的推力,约为 9 吨,验证了 3D 打印技术在火箭发动机制造上的可行性。本项测试工作位于亚拉巴马州亨茨维尔的美国国家航空航天局马歇尔航天飞行中心,这里拥有较为完善的火箭发动机测试条件,工程师可验证 3D 打印部件在点火环境中的性能。

制造火箭发动机的喷射器需要精度较高的加工技术,如果使用 3D 打印技术,就可以降低制造上的复杂程度,在计算机中建立喷射器的三维图像。打印的材料为金属粉末和激光,在较高的温度下,金属粉末可被重新塑造成我们需要的样子。火箭发动机中的喷射器内有数十个喷射元件,要建造大小相似的元件需要一定的加工精度,该技术测试成功后将用于制造 RS-25 发动机,作为 NASA 未来太空发射系统的主要动力。该火箭可运载宇航员超越近地轨道,进入更遥远的深空。马歇尔航天飞行中心的工程部主任克里斯认为,3D 打印技术在火箭发动机喷油器上应用只是第一步,最终的目的在于测试 3D 打印部件能否彻底改变火箭的设计与制造,并提高系统的性能,更重要的是能否节省时间和成本,并且不太容易出现故障。本次测试中,两具火箭喷射器进行了点火,每次 5 秒,设计人员创建的复杂几何流体模型允许氧气和氢气充分混合,压力为每平方英寸 1400 磅。

2014 年 10 月 11 日,英国一个发烧友团队用 3D 打印技术制出了一枚火箭,他们还准备让这个火箭升空。该团队在位于伦敦的办公室向媒体介绍了这个世界上第一架用 3D 打印技术制造出来的火箭。团队队长海恩斯说,有了 3D 打印技术,要制造出高度复杂的形状并不困难,就算要修改设计原型,只要在计算机辅助设计软件上做出修改,打印机将会做出对应的调整。这比之前的传统制造方式方便许多。

据介绍,这个名为"低轨道氦辅助导航"的工程项目由一家德国数据分析公司赞助。打印出的这枚火箭重 3 公斤,高度相当于一般成年人身高,是该团队用 4 年时间、花了 6000 英镑制造出来的。等一笔 1.5 万英镑的资助确定之后,他们于 2014 年底在新墨西哥州的美国航天港发射了该火箭。一个装满氦的巨型气球将把火箭提升到 20000 米高空,装置在火箭里的全球定位系统将启动火箭引擎,火箭喷射速度将达到每小时 1610 公里。之后,火箭上的自动驾驶系统将引导火箭回返地球,而里头的摄像机将把整个过程拍摄下来。

美国国家航空航天局(NASA)官网 2015 年 4 月 21 日报道,NASA 工程人员正通过增材制造技术制造首个全尺寸铜合金火箭发动机零件以节约成本,NASA 空间技术任务部负责人表示,这是航空航天领域 3D 打印技术应用的新里程碑。

2015 年 6 月 22 日,俄罗斯国家技术集团公司用 3D 打印技术制造出一架无人机样机。该无人机样机重 3.8 公斤,翼展 2.4 米,飞行时速可达 90 至 100 公里,续航能力为 1 至 1.5 小时。公司发言人弗拉基米尔·库塔霍夫介绍,公司用两个半月实现了从概念到原型机的飞跃,实际生产耗时仅为 31 小时,制造成本不到 20 万卢布(当时约合 3700 美元)。

2016 年 4 月 19 日,中科院重庆绿色智能技术研究院 3D 打印技术研究中心对外宣布,经过该院和中科院空间应用中心两年多的努力,并在法国波尔多完成抛物线失重飞行试验,国内首台空间在轨 3D 打印机宣告研制成功。这台 3D 打印机可打印零部件最大尺寸达 200 mm × 130 mm,它可以帮助宇航员在失重环境下自制所需的零件,大幅提高空间站实验的灵活性,减少空间站备品、备件的种类、数量和运营成本,降低空间站对地面补给的依赖性。

### 1.3.4　医学领域

(1)3D 打印肝脏模型

日本筑波大学和大日本印刷公司组成的科研团队 2015 年 7 月 8 日宣布,已研发出用 3D 打印机低价制作可以看清血管等内部结构的肝脏立体模型的方法。据称,该方法如果投入应用就可以为每位患者制作模型,有助于术前确认手术顺序以及向患者说明治疗方法。

这种模型是根据 CT 等医疗检查获得的患者数据用 3D 打印机制作的。模型按照表面外侧线条呈现的肝脏整体形状,详细地再现其内部的血管和肿瘤。

由于肝脏模型内部基本是空洞,重要血管等的位置一目了然。据称,制作模型虽然需要少量价格不菲的树脂材料,但能够使原本约 30 万至 40 万日元(约合人民币 1.5 万至 2 万元)的制作费降到原先的三分之一以下。

利用 3D 打印技术制作的内脏器官模型主要用于研究,由于价格高昂,在临床上没有得到普及。科研团队表示,他们一方面争取到 2016 年度实现肝脏模型的实际应用,另一方面将推进对胰脏等器官模型制作技术的研发。

(2)3D 打印头盖骨

2014 年 8 月 28 日,46 岁的周至县农民胡师傅在自家盖房子时,从 3 层楼坠落后砸到一堆木头上,左脑盖被撞碎。在当地医院手术后,胡师傅虽然性命无损,但左脑盖凹陷,在别人眼里成了个"半头人"。

除了面容异于常人,事故还伤了胡师傅的视力和语言功能。医生为帮其恢复形象,采用 3D 打印技术辅助设计缺损颅骨外形,设计了钛金属网重建缺损颅眶骨,制作出缺损的左"脑盖",最终实现左右对称。

医生称手术约需 5 至 10 小时,除了用钛网支撑起左边脑盖外,还需要从腿部取肌肉进行填补。手术后,胡师傅的容貌将恢复,至于语言功能还得看术后恢复情况。

(3)3D 打印脊椎植入人体

2014 年 8 月,北京大学研究团队成功为一名 12 岁男孩植入了 3D 打印脊椎,这属全球首例。据了解,这位小男孩的脊椎在一次足球运动中受伤之后长出了一颗恶性肿瘤,医生不得不选择移除肿瘤所在的脊椎。不过,这次的手术比较特殊的是,医生并未采用传统的脊椎移植手术,而是尝试先进的 3D 打印技术。

研究人员表示,这种植入物可以跟现有骨骼非常好地结合起来,而且还能缩短病人的康复时间。由于植入的 3D 脊椎可以很好地跟周围的骨骼结合在一起,所以它并不需要太多的"锚定"。此外,研究人员还在上面设立了微孔洞,它能帮助骨骼在合金之间生长,换言之,植入进去的 3D 打印脊椎将跟原脊柱牢牢地生长在一起,这也意味着未来不会发生松动的情况。

(4)3D 打印手掌治疗残疾

2014 年 10 月,医生和科学家们使用 3D 打印技术为英国苏格兰一名 5 岁女童装上手掌。

这名女童名为海莉·弗雷泽,出生时左臂就有残疾,没有手掌,只有手腕。医生和科学家通力合作,为她设计了专用假肢并成功安装。

(5)3D 打印心脏救活 2 周大先心病婴儿

2014 年 10 月 13 日,纽约长老会医院的埃米尔·巴查博士(Dr. Emile Bacha)讲述了他使用 3D 打印的心脏救活一名 2 周大的婴儿的故事。这名婴儿患有先天性心脏缺陷,它会在心脏内部制造"大量的洞"。在过去,这种类型的手术需要停掉心脏,将其打开并进行观察,然后在很短的时间内决定接下来应该做什么。

但有了 3D 打印技术之后,巴查医生就可以在手术之前制作出心脏的模型,从而使他的团队可以对其进行检查,然后决定在手术当中到底应该做什么。这名婴儿原本需要进行 3—4 次手术,而现在一次就够了,这名原本被认为寿命有限的婴儿可以过上正常的生活。

巴查医生说,他使用了婴儿的 MRI 数据和 3D 打印技术制作了这个心脏模型。整个制作过程共花费了数千美元,不过他预计制作价格会在未来降低。3D 打印技术能够让医生提前练习,从而减少病人在手术台上的时间。3D 模型有助于减少手术步骤,使手术变得更为安全。

2015 年 1 月,在迈阿密儿童医院,有一位患有"完全性肺静脉异位引流(TAPVC)"的 4 岁女孩 Adanelie Gonzalez。由于疾病,她的呼吸困难、免疫系统薄弱,如果不实施矫正手术仅能存活数周甚至数日。

心血管外科医生凭借 3D 心脏模型的帮助,通过对小女孩心脏完全复制的 3D 模型,成功地制定出了一个复杂的矫正手术方案。最终根据方案,医生成功地为小女孩实施了永久手术,现在小女孩的血液恢复正常流动,身体在治疗中逐渐恢复正常。

(6)3D 打印制药

2015 年 8 月 5 日,首款由 Aprecia 制药公司采用 3D 打印技术制备的 Spritam 速溶片(左乙拉西坦,Levetiracetam)得到美国食品药品监督管理局(FDA)上市批准,并于 2016 年正式售卖。这意味着 3D 打印技术继打印人体器官后进一步向制药领域迈进,对未来实现精准性制药、针对性制药有重大的意义。该款获批上市的"左乙拉西坦速溶片"采用了 Aprecia 公司自主知识产权的 ZipDose 3D 打印技术。

通过 3D 打印制药生产出来的药片内部具有丰富的孔洞,具有极大的内表面积,故能在短时间内迅速被少量的水融化。这样的特性给某些具有吞咽性障碍的患者带来了福音。

3D 打印制药主要针对病人对药品数量的需求问题,可以有效地减少由于药品库存而引发的一系列药品发潮变质、过期等问题。事实上,3D 打印制药最重要的突破是它能进一步实现为病人量身定做药品的梦想。

(7)3D 打印胸腔

最近科学家们为传统的 3D 打印身体部件增添了一种钛制的胸骨和胸腔——3D 打印胸腔。

这些 3D 打印部件的幸运接受者是一位 54 岁的西班牙人,他患有一种胸壁肉瘤,这种肿瘤形成于骨骼、软组织和软骨当中。医生不得不切除病人的胸骨和部分肋骨,以此阻止癌细胞扩散。

这些切除的部位需要找到替代品,在正常情况下所使用的金属盘会随着时间流逝变得不牢固,并容易引发并发症。澳大利亚的 CSIRO 公司创造了一种钛制的胸骨和肋骨,与患者的几何学结构完全吻合。

CSIRO 公司根据病人的 CT 扫描设计并制造所需的身体部件。工作人员会借助 CAD 软件设计身体部分,输入到 3D 打印机中。手术完成两周后,病人就被允许离开医院了,而且一切状况良好。

(8)3D 血管打印机

2015 年 10 月,我国“863 计划”3D 打印血管项目取得重大突破,世界首创的 3D 生物血管打印机由四川蓝光英诺生物科技股份有限公司成功研制问世。

该款血管打印机性能先进,仅仅 2 分钟便打出 10 厘米长的血管。不同于市面上现有的 3D 生物打印机,3D 生物血管打印机可以打印出血管独有的中空结构、多层不同种类细胞,这是世界首创。

(9)3D 打印生物工程脊髓

2018 年 8 月,美国明尼苏达大学研究人员开发出一种新的多细胞神经组织工程方法,利用 3D 打印设备制造出生物工程脊髓。研究人员称,该技术有朝一日或可帮助长期遭受脊髓损伤困扰的患者恢复某些功能。

(10)3D 打印心脏肌泵

2020 年 7 月,美国明尼苏达大学研究人员在最新一期《循环研究》杂志上发表报告称,他们在实验室中用人类细胞 3D 打印出了功能正常的厘米级人体心脏肌泵模型。研究人员称,这种能够发挥正常功能的心脏肌泵模型系统对于心脏病研究来说具有重要意义,而他们的成果向制造人类心脏这样的大型腔室模型迈出了关键一步。

## 1.3.5　房屋建筑

2014 年 1 月,数幢使用 3D 打印技术建造的建筑亮相苏州工业园区。这批建筑包括一栋面积 1100 平方米的别墅和一栋 6 层居民楼。这些建筑的墙体由大型 3D 打印机层层叠加喷绘而成,而打印使用的"油墨"则由建筑垃圾制成。

2014 年 8 月,10 幢 3D 打印建筑在上海张江高新青浦园区内交付使用,作为当地动迁工程的办公用房。这些"打印"的建筑墙体是用建筑垃圾制成的特殊"油墨",按照电脑设计的图纸和方案,经一台大型 3D 打印机层层叠加喷绘而成,10 幢小屋的建筑过程仅花费 24 小时。

2014 年 9 月 5 日,世界各地的建筑师们正在为打造全球首款 3D 打印房屋而竞赛。3D 打印房屋在住房容纳能力和房屋定制方面具有意义深远的突破。在荷兰首都阿姆斯特丹,一个建筑师团队已经开始制造一栋 3D 打印房屋,而且采用的建筑材料是可再生的生物基材料。这栋建筑名为"运河住宅(Canal House)",由 13 间房屋组成。这个项目位于阿姆斯特丹北部运河的一块空地上,有望 3 年内完工。在建中的"运河住宅"已经成了公共博物馆,美国前总统奥巴马曾经到那里参观。荷兰 DUS 建筑师汉斯·韦尔默朗(Hans Vermeulen)在接受 BI 采访时表示,他们的主要目标是"能够提供定制的房屋"。

2015 年 7 月 17 日上午,由 3D 打印的模块新材料别墅现身西安,建造方用 3 个小时完成了别墅的搭建。据建造方介绍,这座仅用三个小时建成的精装别墅,只要摆上家具就能"拎包入住"。

### 1.3.6　汽车行业

2014 年 9 月 17 日,第一辆 3D 打印汽车在芝加哥举行的国际制造技术展览会上亮相。该车由美国亚利桑那州的 Local Motors 汽车公司采用 3D 打印技术生产。这款电动汽车名为"Strati",只有 40 个零部件,建造它花费了 44 个小时,最低售价 1.1 万英镑(约合人民币 11 万元)。

Strati 整个车身上靠 3D 打印出的部件总数为 40 个,相较传统汽车 20000 多个零件来说可谓十分简洁。它采用一体成型车身,充满曲线的车身先由黑色塑料制造,再层层包裹碳纤维以增加强度,这一制造设计尚属首创。汽车由电池提供动力,最高时速约 64 公里,车内电池可供行驶 190—240 公里。

尽管汽车的座椅、轮胎等可更换部件仍以传统方式制造,但用 3D 制造这些零件的计划已经提上日程。制造该轿车的车间里有一架超大的 3D 打印机,能打印长 3 米、宽 1.5 米、高 1 米的大型零件,而普通的 3D 打印机只能打印 25 立方厘米大小的东西。

2015 年 7 月,来自美国旧金山的 Divergent Microfactories(DM)公司推出了世界上首款 3D 打印超级跑车"刀锋(Blade)"。该公司表示此款车由一系列铝制"节点"和碳纤维管材拼插相连,轻松组装成汽车底盘,因此更加环保。

Blade 搭载一台可使用汽油或压缩天然气为燃料的双燃料 700 马力发动机。此外,由于整车质量很轻,仅为 1400 磅(约合 0.64 吨),从静止加速到每小时 60 英里(96 公里)仅用时两秒,轻松跻身顶尖超跑行列。

### 1.3.7　电子行业

2014 年 11 月 10 日,全世界首款 3D 打印的笔记本电脑开始预售了,它允许任何人在自己的客厅里打印自己的设备,价格仅为传统产品的一半。

这款笔记本电脑名为 Pi-Top,于 2015 年 5 月正式推出。通过口耳相传,它在两周内累计获得了 7.6 万英镑的预订单。

### 1.3.8　服装服饰

许多人深知，遇到一件很合身的衣服是很不容易的事，用 3D 打印机制作衣服，可以解决人们挑选服装时遇到的困境。一个设计工作室已经成功使用 3D 打印技术制作出服装，使用此技术制作出的服装不但外观新颖，而且舒适合体。

该设计工作室制作了一条裙子，价格为 1.9 万人民币，制作过程中使用了 2279 个印刷板块，由 3316 条链子连接。这种被称作"4D 裙"的服装，就像编织的衣服一样，很容易就可以从压缩的状态中舒展开来。创意总监杰西卡回忆说，这件衣服花费了大约 48 个小时来印制。

这家位于美国马萨诸塞州的公司还编写了一个适用于智能手机和平板电脑的应用程序，这有助于用户调整自己的衣服。使用这个应用程序，用户可以改变衣服的风格和舒适性。

### 1.3.9　海底铺路

2019 年 5 月 14 日，我国自主研制的第五代深水整平船"一航津平 2"日前在江苏南通下水，集基准定位、石料输送、高精度铺设整平、质量检测验收等于一体，从船体设计到建造均实现了国产化，多项性能居国际领先水平。"一航津平 2"投产后将进一步巩固我国在海底隧道基础施工领域的世界领先地位。"一航津平 2"因其铺设作业的高效率和自动化，被形象地称为深水碎石铺设的"3D 打印机"。

# 第二章　3D 的发展历程

## 2.1　3D 打印的前世

相对于普通打印技术而言,3D 打印并没有那么神奇,它只是一个新的打印技术,也可以称为新型产品制造技术。其实在很多年以前,这门技术就已经诞生。从作为一个模糊的概念进入人类的大脑,到真正成为产品进入市场,3D 打印至少经历了 3 个阶段。

3D 打印是一种将数字设计转换为物理实体的技术,它已经有了几十年的历史。我们可以认为,3D 打印是一种与传统的机械加工方法截然相反,基于 CAD(Computer Aided Design,计算机辅助设计)模型数据,通过增加材料渐层制造的方式,直接制造与相应数学模型完全一致的三维物理实体模型的制造方法。

### 2.1.1　提出思想

人们将 3D 打印技术称为"上上个世纪的理想,上个世纪的技术,这个世纪的市场"。关于 3D 打印概念的提出,可以追溯到 19 世纪末的美国,3D 打印在行业内的学名为"快速成型技术"。

该技术的核心思想最早起源于 19 世纪中期的多照相机实体雕塑(Photosculpture)技术和蜡板层叠法制作三维地图模型技术,下表中是 3D 打印思想提出过程中的大事件。

表 2 - 1　3D 打印思想提出过程中的大事件

| 时间 | 国家及人名 | 技术或专利 | 意义 |
|---|---|---|---|
| 1860 年 | 法国 François Willème | 多照相机实体雕塑 | 它的成品也是材料的叠加,将二维变成三维 |
| 1892 年 | 美国 Joseph E. Blanther | 蜡板层叠法制作三维地图模型 | |

续表 2-1

| 时间 | 国家及人名 | 技术或专利 | 意义 |
|---|---|---|---|
| 1902 年 | 美国 Carlo Baese | 光敏聚合物制造塑料件(SLA 技术前身) | 现代第一种快速成型技术的初步设想 |

## 2.1.2 探索发展

(1)外国的 3D 打印发展历史

3D 打印技术在发展中探索了很多种形式,直到光固化方法和熔融沉积制造方法发明后才为 3D 打印现在的主流形式奠定了基础。1986 年,查克·赫尔(Chuck Hull,也有人称他 Charles Hull)成功获得光固化方法(stereo lithography apparatus, SLA)专利授权,这是 3D 打印技术发展的一个里程碑。同年,他创立了世界上第一家 3D 打印设备的 3D Systems 公司,并于 1988 年生产出了世界上第一台 3D 打印机 SLA-250。1988 年,美国人 Scott Crump 发明了另外一种 3D 打印技术——熔融沉积成型(fused deposition modeling, FDM),并成立了 Stratasys 公司。目前,这两家公司是仅有的两家在纳斯达克上市的 3D 打印设备制造企业。

表 2-2　外国的 3D 打印发展历程

| 时间 | 人名/公司名 | 提出思路 |
|---|---|---|
| 1940 年 | Perera | 提出可以沿等高线轮廓切割硬纸板,然后将这纸板黏结成三维地形图的方法 |
| 1964 年 | Zang | 进一步细化 Perera 的方法,建议用透明的纸板,且每一块均带有详细的地貌形态标记 |
| 1972 年 | Matsubara | 提出了在 Perera 方法中使用光固化材料,将光敏聚合树脂涂到耐火颗粒上(例如石墨粉或砂),然后将这些耐火颗粒填充到叠层中,加热后会形成与叠层对应的板层,使光线有选择地投射到这个板层,将设定的部分固化,没有扫描或者固化的部分被某种溶剂融化,用这种方法形成的薄板层随后不断地堆积在一起形成了模型 |
| 1976 年 | Paul L. DiMatteo | 先用轮廓跟踪器将三维物体转化成许多二维轮廓薄片,然后用激光切割这些薄片,再用螺钉、销钉等将一系列薄片连接成三维物体,这些设想与现代另一种快速成型技术——"物体分层制造"(laminated object manufacturing,LOM)的原理极为相似 |

**续表 2-2**

| 时间 | 人名/公司名 | 提出思路 |
|---|---|---|
| 1986 年 | Chuck Hull | 他使用一种叫作光固化聚合物的材料,通过逐层堆积来制造 3D 物体 |
| 1988 年 | Scott Crump | 发明了另外一种 3D 打印技术——熔融沉积成型(FDM),创立了一种广泛使用的 3D 打印制造方法 |

### 2.1.3 顺利诞生

虽然 3D 打印技术起源很早,但是受限于当时的材料技术与计算机技术等,并没有实现广泛的应用与商业化。随后技术的正式研究开始于 20 世纪 70 年代,直到 20 世纪 80 年代技术才得到了应用,其学名为"快速成型"。

美国科学家查克·赫尔(Chuck Hull),在 1986 年开发了第一台商业 3D 印刷机。查克·赫尔,1939 年 5 月 12 日出生于美国,是 3D 打印技术的发明者,也是 3D Systems 公司的联合创始人兼执行副总裁、首席技术官。

1983 年,查克·赫尔发明了 SLA 3D 打印技术,并将它称为立体平版印刷,3D 打印技术由此正式诞生。

1984 年,查克·赫尔将 SLA 技术申请美国专利。

1986 年,查克·赫尔成功获得专利授权,并在加州成立了 3D Systems 公司。

1989 年,Dechard 发明了选择性激光烧结技术(selective laser sintering,SLS),利用高强度激光将材料粉末烧结直至成型。

1993 年,麻省理工学院 Emanual Sachs 教授发明了一种全新的 3D 打印技术,这种技术类似于喷墨打印机,通过向金属、陶瓷等粉末喷射黏合剂的方式将材料逐片成型,然后进行烧结制成最终产品。其优点为制作速度快、价格低廉。随后,Z Corporation 公司获得麻省理工学院的许可,利用该技术生产 3D 打印机,"3D 打印机(3DP)"的称谓由此而来。

下表是按时间顺序排列的增材制造关键技术的专利,数据来源于世界知识产权组织(WIPO)。

表 2 – 3  增材制造关键技术相关的专利

| 发明家 | 专利 | 申请/授权时间 | 研究中心 | 技术 |
| --- | --- | --- | --- | --- |
| Chuck Hull | 用立体光刻法生产三维物体的方法和设备 | 1984 年 8 月 8 日/1986 年 2 月 12 日 | 三维系统（3D Systems） | 立体平版印刷:用紫外光进行光敏树脂的光聚合 |
| Carl R. Deckard | 选择性烧结生产零件的方法和设备 | 1986 年 10 月 17 日/1988 年 4 月 21 日 | 得克萨斯大学（University of Texas） | 选择性烧结:粉末选择性烧结（激光熔凝） |
| Scott Crump | 用于创建三维物体的装置和方法 | 1986 年 10 月 30 日/1991 年 5 月 1 日 | 斯特拉塔西公司（Stratasys, Inc.） | 材料沉积:在塑料状态下用喷嘴沉积材料（电加热） |
| Emanuel M. Sachs; John S. Haggerty; Michael J. Cima; Paul A. Williams | 三维打印技术 | 1989 年 12 月 8 日/1991 年 6 月 9 日 | 麻省理工学院（Massachusetts Inst. Technology） | 喷射成型（注射）:在粉末状材料上注入黏合剂和彩色油墨 |
| Michael Feygin; Sung Sik Pak | 用层压形成整体物体的装置和方法 | 1988 年 10 月 5 日/1996 年 4 月 18 日 | 托兰斯的赫利西斯公司（Helisy, Inc.） | 层压制造（切割）:对每一层确定几何形状的薄片进行切割和黏合 |

## 2.2  3D 打印的今生

### 2.2.1  打印技术的出现

前一节我们说到,"3D 打印机"这个称谓于 1993 年出现,那么接下来我们就来说说 3D 打印技术的发展。

打印技术的出现可以追溯到 20 世纪 60 年代,当时出现了第一台能够打印图形的打印机,称为电传打字机。此后,不断有新的打印技术出现,如喷墨打印、激光打印等。

业内公认的 3D 打印技术最早始于 1984 年,当时数字文件打印成三维立体模型的技术由美国发明家查克·赫尔率先提出。并且在 1986 年,他进一步发明了立体光刻工艺——利用紫外线照射光敏树脂凝固成型来制造物体,并将这项发明申请了专利,这项技术后来被称为光固化成型(SLA)。

1988 年,美国康涅狄格州一位名叫 Scott Crump 的年轻人发明了另外一种 3D 打印技术——熔融沉积成型(FDM),这项 3D 打印技术利用蜡、ABS、PC、尼龙等热塑性材料来制作物体。

仅仅一年后的 1989 年,美国得克萨斯大学的 Carl R. Dechard 博士发明了第三种 3D 打印技术——选择性激光烧结技术(SLS),这项技术是利用高强度激光将尼龙、蜡、ABS、金属和陶瓷等材料粉来烤结,直至成型。

1993 年,麻省理工学院教授 Emanual M. Sachs 也加入了进来,创造了三维喷墨黏粉打印技术(3DP),将金属、陶瓷的粉末通过黏结剂粘在一起成型。1995 年,麻省理工学院的毕业生 Jim Bredt 和 Tim Anderson 修改了喷墨打印机方案,实现了将约束溶剂挤压到粉末床上,而不必局限于把墨水挤压在纸张上。随后现代 3D 打印企业 Z Corporation 创立。

## 2.2.2　打印机的发明

3D 打印机的发明可以追溯到 20 世纪 80 年代,当时出现了一种名为快速成型技术的新型打印技术,这为 3D 打印的发展奠定了基础。2009 年,3D 打印开始大规模商业化,并在各个领域得到广泛应用。

第一台 3D 打印机由我们在前面提到的美国公司 3D Systems 发明。3D Systems(现今全球最大的两家 3D 打印设备生产商之一)是查克·赫尔离开原来的公司,自立门户后创立的。在公司成立不久后的 1988 年,3D Systems 公司便生产出了第一台其自主研发的 3D 打印机 SLA-250。SLA-250 的面世成为 3D 打印技术发展历史上的一个里程碑事件,其设计思想和风格几乎影响了后续所有的 3D 打印设备。但由于当时的工艺条件限制,SLA-250 体型十分庞大,有效打印空间非常狭窄。

1996 年在一定程度上可以算是 3D 打印机商业化的元年,在这一年,3D Systems、Stratasys、Z Corporation 分别推出了型号为 Actua2100、Genisys 和 2402 的三款 3D 打印机产品,并第一次使用了"3D 打印机"的名称。

另一个重要的时间是 2005 年。这一年,Z Corporation 推出了世界上第一台高精度彩色 3D 打印机——Spectrum 2510。

同一年,开源 3D 打印机项目 RepRap(replicating rapid prototyper)由英国巴斯大学的机械工程高级讲师 Adrian Bowyer 博士发起,他的目标是通过 3D 打印机本身,来打印制造出另一台 3D 打印机,从而实现机器的自我复制和快速传播。经过三年的努力,在 2008 年,第一代基于 RepRap 的 3D 打印机正式发布。代号为"Darwin"的这款打印机可以打印其自身元件的 40%,但体积却只有一个箱子的大小。

RepRap 是一个三维打印机原型机,它具有一定程度的自我复制能力,能够打印出大部分其自身的组件,这台原型机从软件到硬件各种资料都是免费和开源的。所谓"开源",可简单地理解为对外公开自己的"独家秘方",其余人只需制作 3D 打印机的外部框架和机械传动部分,即可获得一台真正的 3D 打印机。自从 3D 打印机进入 DIY 时代,每个人都能以自己的方式创造自己的桌面级 3D 打印机,并用它打印所需的物品。桌面级的开源 3D 打印机为轰轰烈烈的 3D 打印普及化浪潮拉开了序幕。因此,2005 年算得上是桌面级 3D 打印机的元年。

2010 年 11 月,一辆完整身躯的轿车由一台巨型 3D 打印机打印而出,这辆车的所有外部件,包括玻璃面板都是由 3D 打印机制造完成的。

2011 年 8 月诞生了世界上第一架 3D 打印飞机,这架飞机由英国南安普顿大学的工程师建造完成。同年 9 月,维也纳工业大学开发了更小、更轻、更便宜的 3D 打印机,这个超小 3D 打印机仅重 1.5 千克,价格预计为 1200 欧元。

2012 年 3 月,3D 打印的最小极限再一次被维也纳工业大学的研究人员刷新,他们利用二光子平版印刷技术,制作了一辆长度不足 0.3 毫米的赛车。同年 7 月,比利时鲁汶大学的一个研究组测试了一辆几乎完全由 3D 打印机制作的小型赛车,其车速达到了惊人的 140 千米/小时。紧接着在 2012 年 12 月,3D 打印的枪支弹夹也由美国分布式防御组织测试成功。

### 2.2.3 3D 打印的扬名

近年来,随着技术的不断发展和应用的不断扩大,3D 打印已经成为一种颠覆性的技术,正在改变着我们的生产、生活方式。例如,它可以用于生产医疗器械、建筑材料、航空部件等各种产品,使制造更加快捷便利,成为极具前途的技术领域。

尽管开源项目拉近了 3D 打印机与地球上每个人的距离,但是它仍然停留在部分科技达人的圈子里,普通大众对它还是知之甚少。

2007 年,Shapeways 公司正式成立。Shapeways 在美国建立起了一个规模庞大的 3D 打印设计在线交易平台,为用户提供个性化的 3D 打印服务。这是普通大众能接触到的最早的 3D 打印服务,也是目前最成功的 3D 打印商业模式。该平台深化了社会的制造模式,部分人开始意识到"制造"可能并不只是在工厂里。

2009 年,Bre Pettis 带领团队创立了著名的桌面级 3D 打印机公司 Makerbot。Makerbot 的设备主要基于早期的 RepRap 开源项目,但对 RepRap 的机械结构进行了重新设计,发展至今已经历几代的升级,在成型精度、打印尺寸等指标上都有长足的进步。Makerbot 同时也出售 DIY 套件,购买者可以自行组装 3D 打印机。国内的部分科技创客也由此开始了仿制工作,中国的 3D 打印机市场开始萌芽。

接下来的几年内,有关 3D 打印的奇闻逸事偶有见报,普通大众开始在新闻电视节目和电影中接触到 3D 打印这个稍带科幻色彩的名词。部分摘抄如下:

2010 年,Organovo 公司公开了第一个利用生物打印技术打印完整血管的数据资源。

2011 年,英国南安普顿大学的工程师们设计并试驾了全球首架 3D 打印出来的飞机。

2011 年,美国 Kor Ecologic 设计公司推出了全球第一辆 3D 打印的汽车——Urbee。

2011 年,英国研究人员开发出了世界上第一台可打印巧克力的 3D 打印机。

2011 年,欧洲著名公司 i.materialise 成为全球首家提供 14K 黄金和标准纯银材料打印的 3D 打印服务商。

2012 年,荷兰医生和工程师们使用 LayerWise 公司制造的 3D 打印机,打印出了一个定制的下颚假体,然后将其移植到一位 83 岁的老太太身上,这位老太太患有慢性骨感染。

2012 年,在贺岁大片《十二生肖》中,也展示了一台能根据扫描获得的数字模型直接生成生肖雕像实物的神奇机器。

直到 2012 年,英国著名经济学杂志《经济学人》刊登了一篇关于第三次工业革命的文章,声称 3D 打印将引发全球的第三次工业革命。同年,时任美国总统奥巴马在国情咨文中多次提到 3D 打印这一新技术,并提出投资 10 亿美元在全美建立 15 家制造业创新研究所。这时才真正掀起了一轮全民 3D 打印浪潮,普通大众即便走在街头巷尾都可以听闻这个名词。

2013 年,国内关于 3D 打印的门户网站、论坛、微博如雨后春笋般涌现,各大报刊、网媒、电台、电视台也争相报道关于 3D 打印的新闻。

2013 年 1 月,《环球科学》[即《科学美国人》(*Scientific American*)的中文版]邀请科学家经过数轮讨论评选出了 2012 年最值得铭记、对人类社会产生影响最为深远的十大新闻,其中 3D 打印位列第九。

## 2.2.4  3D 打印在中国的发展

我国 3D 打印技术的研究工作开始于 20 世纪 90 年代。在国家相关部门的支持下,清华大学、西安交通大学等多所大学和科研机构开启了 3D 打印技术研究,在软件、材料等方面取得了很大进展。1992 年,我国完成了对用户开放的快速原型制造(RPM)研究与开发平台,随后开发出拥有自主知识产权的多功能快速原型制造系统。这是世界上唯一拥有两种快速成型工艺的系统。该研究成果通过产业化的 II 代系统在世界上首次实现无木模铸型制造工艺。

1995 年,我国成功研制出第一台激光快速成型机,并开发出选区激光粉末烧结快速成型机。

2000 年,我国初步实现了 3D 打印设备产业化,全国建成 20 多个服务中心,推动了国内 3D 打印制造技术的发展。

2005 年,我国实现了三种激光快速成型钛合金结构件在两种飞机上的装机应用,中国成为世界上第二个掌握飞机钛合金结构件激光快速成型装机应用技术的国家。

2007 年,我国第一台大型金属 3D 打印商用化设备研制成功。

2013 年,来自杭州电子科技大学等高校的科学家自主研发出我国首款生物 3D 打印机,这是一款能直接打印出活体器官的生物 3D 打印机,打印一块小拇指指节大小的仿人工肝单元细胞只需半个小时。

2017 年,中国首台高通量集成化生物 3D 打印机在浙江杭州发布。

## 2.3 3D 打印的未来

服装鞋饰、飞船部件、胎儿模型、器官组织、电子元件成品……3D 打印机就像一台可造万物的机器,触动了科技界、产业界的敏感神经。立志"打印世界"的 3D 打印开辟了新的前沿领域,在未来的 3D 打印世界里,无论何时何地,人们需要什么就可以打印什么。

### 2.3.1 3D 打印本身的未来

3D 打印技术在未来将继续发展和应用,其发展的趋势主要体现在多材料协同打印、快速成型和高精度等方面,可以实现更精细的 3D 打印效果。此外,3D 打印还可用于各种领域的生产和制造,如医疗、建筑、航空等,对工业发展的推动作用也日益凸显。

下一代 3D 打印机要解决的问题并不是实现更高超的打印技术,而是如何面向更广泛的受众。其实真正的普及并不意味着每个人、每个家庭都必须拥有一台 3D 打印机,理想的普及是人们更容易用上 3D 打印机,例如你的邻居家中就可能有一台,或者街边就有一家 3D 打印店。

在基础的设计教学中,我们也可以预见 3D 打印机的前景——它们能让抽象的设计变成有形的事物。从传统的 STEM 教学(科技、工程和数学等)来看,3D 打印对于学生入门学习非常有效,学生能在虚拟的 3D 视图中思考,并且看得见、摸得到实物。在这个过程中学习如何更新设计,对教育者和学生来说都是非常有益的。

在学校之外,可靠的 3D 打印机对于中小公司的产品试验更有意义。因为当下的流程会是这样:设计一个我想要的东西,如果它在 3D 打印时"挂了"，那么我不会想要更改设计来让它实现成功打印，而是转向其他的试验方式。这样的方式有效地节约了设计开发的时间成本和试验成本。

### 2.3.2  4D 打印

4D 打印是新的前沿性技术，它是在 3D 打印的基础上，将第四维时间加入其中，以实现物体形态的可变性，也就是说，被打印物体可以随着时间的推移而在形态上发生自我调整。在洛杉矶举行的 TED（科技、娱乐、设计）大会上，麻省理工学院自我组装实验室的科学家斯凯拉·蒂比茨首次对这款产品进行了展示。

在展示过程中，一根复合材料在水中完成了自动变形。据介绍，这根复合材料由 3D 打印机制造，绳状物体中复合了两种核心材料，一种合成聚合物在水中可膨胀至超过原体积的两倍，另一种聚合物则在水中可变得刚硬。按照设计图将两种材料复合，吸水的物质膨胀，驱动接头处移动，从而创造出预先设定的几何变形。变形速度主要取决于水温和吸水材料的属性。

4D 打印的优点是能将形状挤压成它们最小的布局并通过 3D 打印制造出来，这样打印出来的产品将没有多余的东西，这是 3D 打印无法比拟的。4D 打印技术的成熟，让人们看到了"变形金刚"成真的希望。

4D 打印主要应用于可调整的物体制造领域，例如纳米技术、智能材料等领域，有着非常广阔的应用前景。随着科技的不断发展和研究的深入，4D 打印技术的应用领域也将逐渐扩大，未来的科技世界将会更加奇妙。

# 第三章　3D打印关键技术

## 3.1　3DP技术

### 3.1.1　原理和特点

3DP(three dimensional printing,3D打印)技术的基本原理,是通过逐层堆叠材料,一层一层地制造出一个完整的物体。它与传统的制造技术不同,传统的制造技术需要从整块原料中减去不需要的部分,而3DP技术则是将原料直接用于制造。该技术依靠计算机辅助设计软件(CAD)创建三维模型,将其分解为数层,然后通过打印头控制材料的堆叠,使其黏合形成物体。不同的3DP技术可以使用不同的材料和打印头,例如塑料、金属、陶瓷等等,从而实现多种不同的应用。

3DP技术有如下特点:

(1)定制化生产:3DP技术可以根据客户需求定制生产,不需要生产大量相同的产品。这对于生产特殊产品和小批量产品非常有用,例如医疗假肢、航空航天部件和工业模型等。

(2)快速生产:3DP技术可以在几个小时内制造出一个完整的物体,这比传统制造技术的生产速度更快。这对于快速原型制作、紧急修复和快速生产非常有用。

(3)精确性高:3DP技术可以制造出非常精确和复杂的形状,而传统制造技术可能无法实现。这使它可以用于制造高精度零件、模型和艺术品等。

(4)节约材料:3DP技术可以只使用需要的材料来制造产品,不需要像传统制造技术那样从整块材料中减去不需要的部分。这可以节约材料,减少浪费。

(5)环保节能:由于3DP技术可以节约材料和减少废弃物的产生,因此它更环保。此外,3DP 技术可以在生产过程中节约能源,这使其比传统制造技术更节能。

(6)开放性:3DP 技术可以使用各种不同的材料和打印头,因此可以用于许多不同的应用。此外,3DP 技术也是开放式的,可以由公司、机构或个人自己制造打印机,并创造自己的材料和应用。

## 3.1.2　工艺过程

3DP 技术的工艺过程通常包括以下几个步骤:

(1)三维建模:使用计算机辅助设计软件(CAD)或其他三维建模软件,创建要制造的物体的三维模型。

(2)切片:将三维模型切割成数层,每一层都是一个二维截面。这一步通常使用切片软件完成。

(3)打印准备:根据所选择的 3DP 技术和所用材料的要求,准备打印机和材料。这可能包括加载材料、调整打印头、设置打印参数等。

(4)打印:将打印机连接到计算机,并启动打印过程。打印机根据切片文件的指令,控制打印头和平台的移动以及材料的释放,逐层堆叠材料,制造出物体。

(5)后处理:打印完成后,可能需要进行一些后处理工作,包括清洗、研磨、涂覆或加工等。

## 3.1.3　设备和材料

3DP 技术使用的设备主要是 3D 打印机。3D 打印机是一种能够按照数字模型逐层、逐点地将物料制造成实体物体的机器。3D 打印机的主要组成部分包括打印头、供料系统、控制系统等。打印头是 3D 打印机重要的组成部分之一。打印头会根据 3D 模型中的设计指令,将加热过的塑料线或粉末等物料按照一定的路径进行涂覆、喷涂或熔化,逐层制造出物体。供料系统用于提供打印头所需的物料。3D 打印机中常用的材料包括塑料、金属粉末、陶瓷等,供料系统会根据需要提供不同类型的物料,并确保它们被打印头准确地使用。控制系统则是 3D 打印机的大脑,用于控制打印头、供料系统等部件的运作。控制系统通常使用计算机软件,将数字模型转换为打印头可以理解的指令,以确保打印出的物体精确、准确,符合设计要求。此外,3D 打印机还需要一些辅助设备,如加热板、喷雾器、传感器等,用于确保打印过程的准确性和稳定性。

3DP 技术使用的材料主要包括:

(1)塑料:3D 打印中最常见的材料之一,包括 ABS、PLA、PETG 等,通常以线状形式供给 3D 打印机使用。

(2)金属:用于金属 3D 打印,包括钛合金、不锈钢、铝合金等,通常以粉末形式供给 3D 打印机使用。

(3)陶瓷:用于 3D 打印陶瓷制品,如陶瓷餐具、花瓶等,通常以粉末形式供给 3D 打印机使用。

(4)树脂:用于光固化 3D 打印,包括标准树脂、高强度树脂、柔性树脂等,通常以液体形式供给 3D 打印机使用。

(5)纸张:用于 3D 打印纸质模型,如建筑模型、造型模型等,通常以卷纸形式供给 3D 打印机使用。

(6)食品材料:用于食品 3D 打印,包括巧克力、糖浆、面团等,通常以液体或半固体形式供给 3D 打印机使用。

### 3.1.4 典型应用

假肢制造通常需要按照患者的身体数据制定设计方案,一般来说需要通过传统手工方法进行。然而,这种方式的制造成本较高,时间也比较长。使用 3DP 技术制造假肢可以显著缩短制造时间和减少成本,并且可以制造出更为精确的假肢。

3DP 技术可以通过扫描患者的身体部位获取准确的身体数据,然后使用 CAD 软件创建一个 3D 模型。该 3D 模型可以根据患者的个性化需求进行修改和定制,例如调整大小、形状、颜色等。完成 3D 模型后,就可以将其发送到 3DP 设备进行制造。

3DP 设备在制造过程中会使用逐层堆叠的方式将材料(通常是塑料或金属粉末)添加到工作平台上,根据 3D 模型的形状逐层堆叠来创建出所需的形状。材料加工完成后,可以将假肢从 3DP 设备上取出,进行后续加工处理和组装,例如安装电子元件、织物套件和肢体支撑器等。

　　制造定制化假肢的优点是显而易见的。首先,使用 3DP 技术可以更加准确地复制患者的肢体形状和尺寸,这可以使患者的身体更好地适应假肢,减少患者在使用过程中的疼痛和不适感。其次,使用 3DP 技术可以大幅缩短制造时间和减少成本,提高生产效率。此外,3DP 技术可以为患者提供更轻、更坚固、更美观的假肢,提高患者的生活质量和自尊心。

　　下面是一个基于 3DP 技术制作假肢的流程:

　　(1)扫描患者残肢部位:使用激光扫描仪或其他数字化技术,对患者残肢部位进行精确的三维扫描。这一步是为了获得患者残肢的精确形状和尺寸数据。

　　(2)创建 3D 模型:将扫描数据导入计算机软件中,生成一个三维模型。该模型可以进行任何必要的编辑和调整,以确保与患者残肢的形状和尺寸完全匹配。

　　(3)3D 打印:选择适当的 3D 打印设备和材料,将 3D 模型打印出来。在此过程中,3D 打印设备会将材料层层堆叠,形成具有与患者残肢完全匹配形状的假肢。

　　(4)安装组件:根据需要,可以将其他组件(如电子元件或关节)安装到假肢上。

　　通过使用 3DP 技术制作假肢,患者可以获得一个定制的、符合个人具体情况的假肢。这可以提高患者的生活质量,并且比传统制造方法更快、更便宜和更易于制造。此外,3DP 技术还可以帮助生产商快速生产出假肢,并对其进行个性化设计和定制,以适应不同的患者需求。

## 3.2　SLS 技术

### 3.2.1　原理和特点

　　SLS( selective laser sintering,选择性激光烧结)技术,是一种 3D 打印技术,其原理是通过高功率激光束将粉末材料逐层熔化、固化,从而构建出所需的三维模型。

SLS 技术有如下特点：

（1）无须支撑结构：SLS 技术使用的粉末材料可以自行支撑，因此不需要额外的支撑结构，使得构建过程更加简单。

（2）可使用多种材料：SLS 技术可使用多种不同类型的粉末材料，如塑料、金属、陶瓷等，使得其在制造不同类型的产品时更加灵活。

（3）高精度：SLS 技术可实现很高的精度和表面质量，因为激光束精确地控制每一层的熔化和固化。

（4）生产效率高：SLS 技术可同时打印多个模型，并可以使用整块粉末材料，因此其生产效率很高。

（5）环保：SLS 技术所使用的粉末材料可以回收再利用，降低了对环境的污染。

## 3.2.2　工艺过程

具体的工艺流程如下：

（1）前期准备：首先需要准备 3D 模型文件，并使用 3D 打印软件对模型进行处理，生成可供 SLS 打印机读取的数据文件。此外，需要准备所需材料，将材料装载到粉末喷射系统中。

（2）打印准备：将打印机加热至材料的熔点以上，使材料熔化并喷射到建造台面上。SLS 打印机使用激光束照射建造台面，将激光束的能量转化为热能，使喷射到建造台面上的材料熔化并黏结在一起。

（3）打印过程：SLS 打印机按照预设的 3D 模型文件逐层打印，通过不断喷射、熔化、黏结，逐渐构建出 3D 物体。

（4）后处理：待打印完成后，需要将打印出来的物体从粉末中清理出来，并进行热处理或化学处理，以去除多余的粉末并增强物体的强度和耐久性。

需要注意的是，SLS 技术相对于其他 3D 打印技术来说，打印出来的物体表面比较粗糙，需要进行后续的表面处理，以达到客户所需的光洁度和精度要求。

### 3.2.3 设备和材料

SLS 技术所使用的设备主要包括三个部分:激光束系统、粉末喷射系统和加热器。其中,激光束系统用于控制激光束的大小和形状,粉末喷射系统用于喷洒粉末材料,加热器则用于加热粉末材料使其熔化。

SLS 技术所使用的材料大致可分为三类:粉末材料、金属材料、陶瓷材料。SLS 技术所使用的粉末材料非常多,常见的材料包括聚合物、金属、陶瓷等。其中,聚合物材料是最常见的一种,包括尼龙、热塑性聚氨酯(TPU)等。这些材料通常具有高强度、耐热、耐腐蚀等性能,适用于汽车制造、航空航天、医疗器械等领域。

金属材料是另一种常用的材料,包括不锈钢、钛合金、铝合金等。这些材料通常具有高强度、高韧性和良好的耐腐蚀性能,适用于制造高质量、高精度、复杂形状的零部件,如航空发动机、汽车发动机、医疗器械等。

陶瓷材料是另一种常用的材料,包括氧化铝、氧化锆、二氧化硅等。这些材料通常具有高硬度、高强度、良好的耐磨性和耐高温性能,适用于制造高质量、高精度的建筑、医疗设备和电子设备等。

### 3.2.4 典型应用

SLS 技术应用比较广泛,包括以下几类:

(1)制造汽车和飞机零件,如汽车发动机部件、飞机涡轮叶片等。

(2)制造医疗器械和假体,如人工骨头、假肢、人工关节等。

(3)制造建筑模型、模具等。

(4)制造电子设备的外壳、齿轮、传动件等。

(5)制造工业模型、实验设备、工艺品等。

如果有个公司需要制造一个医疗领域的人体脊柱模型,用于手术模拟和医学研究,他们可以选择 SLS 技术来制造这个模型,因为 SLS 技术能够打印出具有高强度和精度的物体,而且可以使用多种不同的材料。具体步骤如下:

(1)设计模型:该公司首先使用 CAD 软件设计了一个人体脊柱模型,并将其导出为 STL 文件格式,以便进行 SLS 打印。

(2)材料选择:该公司选择了一种聚合物粉末材料,这种材料具有足够的强度和精度,而且比较经济实惠。

(3)打印过程:将选择的材料装入 SLS 打印机中,打印机根据 STL 文件开始逐层打印;激光束逐层扫描并熔化粉末,形成逐层堆积的物体,最终形成一个完整的人体脊柱模型。

(4)后处理:打印完成后,需要将打印出来的物体从粉末中清理出来,然后进行表面处理,以达到所需的光洁度和精度要求。

(5)应用:该公司将打印出来的人体脊柱模型用于手术模拟和医学研究,以帮助医生更好地理解人体解剖学结构,提高手术成功率和治疗效果。

总的来说,SLS 技术提供了一种快速、灵活、经济实惠的方法来制造高强度、高精度的物体,为医学、航空、汽车等领域的产品开发和创新提供了广阔的应用前景。

## 3.3　SLA 技术

### 3.3.1　原理和特点

SLA(stereo lithography apparatus,立体光固化成型)技术,是通过一个由紫外线激光束组成的点阵,将液态光敏树脂材料逐层固化成所需形状的实体。使用的光敏树脂材料是一种由单体组成的液体,当它暴露在紫外线下时,它会固化成一个固体物体。使用该技术需要在一个液态树脂池中进行打印,其中被打印的对象是在树脂中一层一层地建立起来的。

SLA 技术有如下特点:

(1)高精度:SLA 技术可以创建非常精细的细节,能够实现非常高的分辨率,最小厚度可以达到 0.025 mm,因此非常适合需要高精度和高表面质量的应用,例如珠宝、医疗设备和工业部件制造等领域。

(2)高表面质量:由于树脂材料在固化过程中,能够实现非常平滑的表面质量,因此,SLA 打印出的模型表面质量非常高,具有非常好的外观和质感。

(3)容易制造复杂的几何形状:SLA 技术可以制造各种复杂的几何形状,包括复杂的内部和外部形状。

(4)非常适合小批量生产:由于 SLA 技术的制造过程是逐层进行的,并且可以单独制造各种形状的模型,因此非常适合小批量生产。

### 3.3.2 工艺过程

具体的工作流程如下:

(1)通过 CAD 软件设计出需要制造的 3D 模型。

(2)将设计好的 3D 模型转换为 STL 文件格式。

(3)将 STL 文件加载到 SLA 3D 打印机软件中。

(4)在 SLA 打印机的液态树脂池中放置一个平台,它将被用来固定被打印的对象。

(5)在液态树脂的表面上使用激光束进行扫描,使树脂材料逐层固化,并建立起来。

(6)一旦完成打印,将固体模型从液态树脂池中移除并清洗干净,以便去除未固化的树脂。

### 3.3.3 设备和材料

SLA 3D 打印机是进行 SLA 打印的关键设备,它的主要组成部分包括液态树脂池、紫外线激光、扫描控制系统、平台等。其中,液态树脂池中包含了光敏树脂材料,紫外线激光通过扫描控制系统在树脂表面进行扫描,并逐层固化树脂材料,从而构建出所需的 3D 模型。SLA 3D 打印机有多种型号和规格,根据不同的应用场景和要求,可以选择不同型号和规格的打印机。

SLA 3D 打印材料需要使用特殊的光敏树脂材料,这些材料可以在紫外线下进行固化。这些光敏树脂材料根据不同的应用场景和要求,可以选择不同的类型和颜色。这些树脂材料可以分为多种类型,包括:

(1)通用型树脂:适用于大多数应用场景,具有高精度、高表面质量和较好的强度。

(2)高温型树脂:适用于制造高温环境下的工业零件和装配件。

（3）弹性型树脂：适用于制造柔软和有弹性的物品，如鞋垫、橡胶密封件等。

（4）透明型树脂：适用于制造透明物体，如眼镜镜片、光学元件等。

### 3.3.4　典型应用

由于 SLA 技术可以制造出高精度和高表面质量的模型，因此非常适合制造珠宝和饰品。设计师可以使用 CAD 软件设计各种形状和细节的珠宝和饰品模型，并使用 SLA 打印机打印出实体模型。

同时，SLA 技术可以使用生物兼容性树脂，因此非常适合制造医疗设备和器官组织。例如，SLA 技术可以制造出医用模型、假肢、义眼和人工器官等。

具体来说，当一家珠宝设计公司需要制作一个复杂的珠宝首饰原型，以展示给客户，他们可以选择 SLA 技术来制造这个原型，因为 SLA 技术能够打印出具有高精度和光滑表面的物体，非常适合制造珠宝首饰原型。具体步骤如下：

（1）设计模型：该珠宝设计公司使用 CAD 软件设计了一个复杂的珠宝首饰模型，并将其导出为 STL 文件格式，以便进行 SLA 打印。

（2）材料选择：该公司选择了一种适合珠宝首饰原型打印的透明光敏树脂，这种树脂能够在 SLA 打印机上形成高精度、光滑表面的物体。

（3）打印过程：将选择的透明光敏树脂装入 SLA 打印机中，打印机使用激光束逐层照射树脂，将树脂固化成具有精细结构和光滑表面的物体。最终，一个完整的珠宝首饰原型被打印出来。

（4）后处理：打印完成后，需要将打印出来的物体从打印底板上取下，并清洗去除多余的树脂；然后将原型进行喷漆和表面处理，使其表面光滑，并增加它的美观性和视觉效果。

（5）应用：该珠宝设计公司使用打印出来的珠宝首饰原型展示给客户，并检查设计的细节和外观。如果需要，他们可以通过这个原型来进行改进和修改，直到客户满意为止。

总的来说，SLA 技术提供了一种高精度、高质量、快速的制造方法，非常适合制造珠宝首饰、医疗器械、电子产品等需要高精度的产品。

## 3.4 FDM 技术

### 3.4.1 原理和特点

FDM(fused deposition modeling,熔融沉积成型)技术的基本原理,是通过将熔融的热塑性材料挤出到一个平台上,一层一层地堆叠形成物体的三维模型。这个过程是由计算机控制的,计算机会按照 CAD 文件中的信息来控制挤出头在相应位置上堆积材料,直到形成一个完整的三维模型。

FDM 技术有如下特点:

(1)低成本:与其他 3D 打印技术相比,FDM 技术的设备和材料成本相对较低,使得更多人能够接受和使用该技术。

(2)容易操作:FDM 技术操作简单,只需要将 3D 模型上传到打印机中,就可以开始打印。由于其原理简单,因此即使没有经验的用户也可以快速上手。

(3)可定制性强:由于 FDM 技术的打印过程是通过逐层堆积材料形成物体,因此可以根据需要对每个层面进行修改,以达到所需的定制效果。

(4)可打印性强:FDM 技术可以使用多种材料,如 ABS、PLA 等,并且可以在不同的温度下打印,适合于打印具有不同硬度、柔软度和颜色的物体。

(5)速度快:与其他 3D 打印技术相比,FDM 技术打印速度较快,可以在较短的时间内完成打印任务,适合于需要快速打印原型和小批量生产的应用场景。

(6)可重复性强:FDM 技术的打印过程具有高度的可重复性,每个打印任务都可以精确复制出相同的物体,从而减少了生产过程中的误差和浪费。

### 3.4.2 工艺过程

FDM 技术的工艺过程通常包括以下几个步骤:

(1)建模:首先需要通过 3D 建模软件创建出需要打印的物体的 3D 模型。这个过程可以手动建模,也可以通过 3D 扫描仪扫描已有的物体得到其

3D 模型。

（2）准备工作：将建好的 3D 模型导入到切片软件中，进行切片处理。切片软件会将 3D 模型切成多层，每一层的厚度可以根据需要进行调整。同时，切片软件也会生成 3D 打印机可以识别的 G 代码。

（3）加载材料：将所需的打印材料（通常是塑料丝）放入 3D 打印机的料盒中，并将料盒装到打印机上。

（4）开始打印：启动 3D 打印机，按照切片软件生成的 G 代码进行打印。打印头将热塑料丝加热至熔化状态，然后将其挤出到打印平台上，逐层堆积直至打印完成。

（5）后处理：等打印完成后，需要进行一些后处理操作。例如，将打印好的模型从打印平台上取下，去除支撑结构和杂质等。

需要注意的是，每一种不同的 FDM 3D 打印机的工艺过程都会有所不同，因此在具体操作时，需要根据打印机的使用手册进行操作。

### 3.4.3　设备和材料

FDM 技术使用的设备主要是 FDM 3D 打印机。FDM 3D 打印机包括以下主要部件：

（1）打印平台：这是放置打印材料的平台，可以上下移动以实现多层打印。通常使用加热平台，以确保材料在打印过程中保持稳定的温度。

（2）打印喷嘴：这是将熔化的材料精确地喷到打印平台上的部件，通常使用一根直径较小的金属管，通过加热和冷却的方式来控制喷嘴温度。

（3）材料供给系统：材料供给系统是将打印材料输送到打印喷嘴的部件。通常使用一个切割器来将打印材料切成适当的长度，然后将其输送到喷嘴。

（4）控制系统：控制系统是 FDM 3D 打印机的核心，它包括硬件和软件两部分。硬件包括运动控制板、温度控制器、传感器等。软件则负责控制打印机运动、处理 3D 模型数据等。

FDM 3D 打印机的功能因制造商和型号而异，价格从几百美元到数万美元不等，价格越高的打印机通常具有更高的精度、更快的速度和更好的功能。

FDM 技术使用的材料包括：

（1）ABS（丙烯腈 – 丁二烯 – 苯乙烯共聚物）：一种常见的工程塑料，具有良好的耐冲击性和耐热性，适用于制造需要高强度和高耐久性的零件。

（2）PLA（聚乳酸）：一种生物降解材料，具有良好的可加工性和环保性，适用于制造一些轻型和单次使用的零件。

（3）PET（聚酯）：一种透明材料，具有较高的耐热性和化学稳定性，适用于制造需要良好透明度的零件。

（4）复合材料：包括含有碳纤维、玻璃纤维等增强材料的复合材料，以及含有金属粉末的金属填充材料。这些材料可以增强打印件的强度和刚度，适用于制造需要高强度和抗压能力强的零件。

（5）特殊材料：例如耐高温材料、导电材料、柔性材料等，可以根据不同的应用需求选择适合的材料进行打印。

### 3.4.4　典型应用

FDM 技术可以制造出高精度、复杂形状的模型，使其成为广泛应用于艺术设计、建筑设计、产品设计等领域的一种工具。

在艺术设计领域，FDM 技术可以用于制作各种形状的艺术品、雕塑、工艺品等。艺术家可以使用 CAD 软件或手绘草图来设计模型，然后使用 FDM 技术将其制造出来。FDM 技术可以使用多种材料，如 PLA、ABS 等，这些材料可以提供不同颜色、质感和强度，艺术家可以根据需要选择合适的材料进行制造。

在建筑设计领域，FDM 技术可以用于制作建筑模型。建筑师可以使用 CAD 软件设计建筑模型，然后使用 FDM 技术将其制造出来。建筑模型可以用于展示建筑设计的细节和构造，让客户更好地理解设计方案。FDM 技术可以制造出高精度、复杂形状的建筑模型，可以帮助建筑师更好地展示自己的设计思路和构造方案。

在产品设计领域，FDM 技术可以用于制造产品模型。产品设计师可以使用 CAD 软件或手绘草图设计产品模型，然后使用 FDM 技术将其制造出来。FDM 技术可以制造出高精度、复杂形状的产品模型,可以帮助设计师更好地展示产品的设计细节和构造方案,提高产品的研发效率和质量。

FDM 技术制造模型的大概流程如下:

(1)设计模型:使用 CAD 软件或其他 3D 建模软件设计出需要制造的模型,并将其保存为 STL 文件格式。

(2)准备 3D 打印机:打开 3D 打印机,连接电源和电脑,并加载所需的打印材料。

(3)软件切片:使用切片软件将 STL 文件转换为 G 代码文件。在这个过程中,需要设置打印参数,如层厚、填充密度、支撑结构等。

(4)打印:将 G 代码文件上传到 3D 打印机,启动打印过程。打印头在打印平台上按照设定的路径逐层堆叠熔化的材料,直到模型打印完成。

(5)完成:等待模型冷却,然后将其从打印平台上取下来,去除支撑结构和残留物质,完成模型制造过程。

需要注意的是,不同的 3D 打印机和软件在具体操作上可能略有不同,但以上步骤是 FDM 技术制造模型的基本流程。

## 3.5 SLM 技术

### 3.5.1 原理和特点

SLM(selective laser melting,选择性激光熔化)技术,使用激光束来熔化金属粉末,然后将其一层一层地叠加以构建出所需的三维金属零件。

SLM 技术的特点包括:

(1)高精度:SLM 技术可以制造非常复杂的形状和结构,具有高精度和良好的表面质量。

(2)高效率:与传统制造工艺相比,SLM 技术具有快速的生产周期和高效的材料利用率,可以节约时间和成本。

(3)可以进行小批量生产:SLM 技术可以快速制造各种规模的金属部件,不需要制造模具,适用于小批量生产。

(4)可以制造定制化产品:SLM 技术可以根据客户需求进行定制化生

产,可以满足个性化和定制化需求。

(5)材料选择广泛:SLM 技术可以使用多种金属材料,如钛合金、不锈钢、铝合金等,可以满足不同的需求。

### 3.5.2　工艺流程

SLM 技术是一种基于粉末烧结的增材制造(additive manufacturing)技术,其工艺流程如下:

(1)设计模型:使用计算机辅助设计软件(CAD)或其他 3D 建模软件创建一个三维模型。

(2)切片:将模型切分成薄层切片,通常每层的厚度为几百微米。

(3)准备材料:使用合适的粉末材料,通常是金属(如铝合金、钛合金、不锈钢等)、塑料或陶瓷粉末。

(4)粉末铺层:在一个建造平台上铺上一层粉末材料,厚度一般为几十微米至数百微米。

(5)激光烧结:使用激光束扫描当前层的轮廓线,将粉末材料烧结成固体结构。

(6)平台下沉:建造平台下沉一个层次,铺上一层粉末,重复步骤(4)(5),直到建造完成。

(7)后处理:完成后,需要将产品从建造平台上取下,并进行一些后处理步骤,如打磨、去除支撑结构、热处理等,以获得所需的零件性能和质量。

需要注意的是,每个厂商的工艺流程可能会有所不同,但是基本的流程和步骤是相似的。

### 3.5.3　设备和材料

SLM 技术的设备主要包括:

(1)激光器:激光器是 SLM 技术的核心设备,用于向金属粉末束提供激光能量,从而使其熔化。

(2)金属粉末喷射器:金属粉末喷射器负责将金属粉末喷撒到工作平台上,形成一层均匀的粉末层。

（3）工作平台：工作平台是金属粉末层的支撑和打印零件的载体。

（4）控制系统：控制系统是 SLM 技术的关键部分，用于控制激光器和其他部件的运动，从而控制打印过程的精度和速度。

SLM 技术所使用的材料主要是金属粉末。常见的金属粉末材料包括：

（1）钛合金：具有优异的力学性能和生物相容性，常用于医疗器械和航空航天领域。

（2）不锈钢：具有耐腐蚀、高强度和良好的加工性能，常用于汽车、医疗和工业领域。

（3）铝合金：具有良好的强度、耐腐蚀性和导热性能，广泛应用于汽车、飞机等领域。

（4）镍基合金：具有耐高温、耐腐蚀性能和优异的力学性能，常用于航空航天、化工和电力领域。

（5）铜合金：具有高导电性和优异的耐磨性能，常用于电子、汽车和工业领域。

### 3.5.4  典型应用

SLM 技术的典型应用包括以下一些领域：

（1）航空航天领域：SLM 技术可以制造轻量化的金属部件，如发动机喷口、燃烧室等，用于飞机、火箭等航空航天器件。

（2）医疗器械领域：SLM 技术可以制造高精度、个性化的医疗器械，如骨骼支架、义肢、种植体等，用于医疗治疗。

（3）汽车制造领域：SLM 技术可以制造高强度、轻量化的汽车零部件，如发动机部件、底盘部件等，提高汽车的性能同时节能降耗。

（4）能源领域：SLM 技术可以制造耐高温、耐腐蚀的零件，如燃气轮机叶片、核反应堆组件等，用于能源设备。

（5）工业制造领域：SLM 技术可以制造高精度、复杂形状的工业零件，如模具、机械零件、夹具等，用于工业制造和加工。

举一个例子，SLM 技术可以用于制造航空发动机部件，例如涡轮叶片。传统的制造方法需要将一块金属材料铣成叶片的形状，但是这种方法会导致大量的材料浪费,并且叶片的形状也受到限制。而使用 SLM 技术可以直接将金属粉末烧结成叶片的形状,不仅材料利用率高,而且可以制造出更为复杂的结构。此外,由于 SLM 技术可以制造出高精度和高强度的部件,因此可以提高发动机的效率和可靠性。总的来说,SLM 技术在航空领域中的应用可以大大提高部件的性能和效率,减少材料浪费,降低成本,并且加快部件的制造速度。

总之,SLM 技术在制造领域具有广泛的应用前景,可以满足不同领域的制造需求,实现高效、快速、精准的生产制造。

## 3.6　LDM 技术

### 3.6.1　原理和特点

LDM(laser direct manufacturing,激光直接制造)技术,是一种利用激光束逐层熔化金属粉末或线材,逐渐构建三维零件的制造技术。它属于增材制造技术(additive manufacturing),与传统的减材制造技术(subtractive manufacturing)相比,具有以下特点:

(1)可以生产复杂形状的零件:LDM 技术可以根据 CAD 模型设计的要求,通过激光逐层熔化金属粉末或线材,逐步构建复杂形状的零件,实现了零件的自由形状设计和定制化制造。

(2)制造速度快:LDM 技术采用激光束进行材料熔化和凝固,制造速度快,而且可以同时制造多个零件,适用于小批量生产和快速制造。

(3)精度高:LDM 技术的制造精度高,可以达到数十微米的级别,适用于制造高精度、高质量的零部件。

(4)可以制造多种金属材料:LDM 技术可以用于制造多种金属材料,如钛合金、不锈钢、铝合金等,可以满足不同应用领域对于材料性能的要求。

(5)可以减少材料浪费:LDM 技术可以按照需要逐层添加材料,减少了传统加工方式中的材料浪费,同时也减少了环境污染。

总之,LDM 技术具有制造速度快、精度高、设计自由、材料多样等特点,适用于多种制造领域,例如航空航天、医疗器械、汽车制造等。

### 3.6.2　工艺流程

(1)设计模型:使用计算机辅助设计软件(CAD)或其他 3D 建模软件创建一个三维模型。

(2)准备材料:使用合适的金属粉末材料。

(3)预处理:将金属粉末放置在喷粉装置中,并确保其粒度、干燥度等参数符合要求。

(4)激光加热:使用激光束扫描加热材料表面,使其熔化和融合,同时将粉末材料喷射到熔池中。

(5)材料沉积:在熔池中依据设计模型的路径和速度,控制粉末材料喷射和熔化过程,使其沉积成为一个实体。

(6)重复加热和沉积:依据设计模型路径的要求,重复步骤(4)(5),直到完成整个部件的制造。

(7)后处理:完成后,需要将产品从建造平台上取下,并进行一些后处理步骤,如打磨、去除支撑结构、热处理等。

### 3.6.3　设备和材料

LDM 技术的设备包括激光成型机、金属粉末喷射系统、工作台、控制系统等。

金属粉末喷射系统是 LDM 技术的核心部件之一,它用于将金属粉末均匀地喷射到工作台上。工作台是 LDM 技术中用来支撑材料的平台,它可以向上或向下移动,以控制加工层厚度。控制系统用于控制激光束和工作台的运动轨迹,以实现高精度的成型。

LDM 技术的材料主要包括金属粉末和金属线材。常用的金属材料包括不锈钢、钛合金、铝合金等,这些材料具有良好的机械性能和耐腐蚀性能,适用于制造高质量的零部件。

金属粉末的质量对于 LDM 技术的成型效果至关重要。金属粉末的粒度、形状、分布均匀性等因素会影响到成型质量和成本。因此,在选择金属粉末时需要考虑材料的品质、成本和可用性等因素。

金属线材也是一种常用的 LDM 技术材料。与金属粉末相比,金属线材在成型时可以更好地控制材料的流动和结构,从而制造出更高质量的零部件。然而,金属线材的成本较高,制造成型速度也相对较慢,因此通常用于制造质量要求较高的零部件。

### 3.6.4 典型应用

LDM 技术在制造业中的应用非常广泛,特别是在航空航天、汽车、医疗、能源等领域。

例如,LDM 技术可以用于制造飞机发动机的叶轮。传统的制造方法需要将一块金属材料铣成叶轮的形状,但是这种方法会导致大量的材料浪费,并且叶轮的形状也受到限制。而使用 LDM 技术可以直接将金属粉末烧结成叶轮的形状,不仅材料利用率高,而且可以制造出更为复杂的结构。此外,由于 LDM 技术可以制造出高精度和高强度的部件,因此可以提高发动机的效率和可靠性。

LDM 技术在航空领域中的应用可以大大提高部件的性能和效率,减少材料浪费,降低成本,并且提高部件的制造速度。同时,LDM 技术也可以应用于其他领域,例如医疗行业中的人工关节制造、汽车行业中的发动机缸体制造等等。

## 3.7 LENS 技术

### 3.7.1 原理和特点

LENS(laser engineered net shaping,激光近净成型)技术,是一种基于激光的金属 3D 打印技术。它通过控制激光束对金属粉末进行熔化和凝固,逐层堆叠来构建三维金属零件。

LENS 技术的工作原理基于 SLS 技术,使用激光束将金属粉末熔化并凝固成为零件的不同层。

通过控制激光束的大小、形状和功率,可以将金属粉末在精确的位置上熔化,形成需要的结构。随着激光束的移动轨迹,金属粉末熔化后又逐步形成需要的三维零件。

LENS技术有以下特点:

(1)高速度:LENS技术使用高功率激光束,能够快速熔化金属粉末并快速凝固,从而可以大大缩短打印时间。

(2)高精度:LENS技术能够实现高精度的3D打印。激光束的控制精度高,能够控制打印的位置和形状,从而实现高精度的3D打印。

(3)高材料使用率:LENS技术使用金属粉末作为原材料,不仅可以使用一次性材料,而且可以重复使用剩余的粉末,降低了原材料的浪费。

(4)可扩展性:LENS技术可以用于打印各种金属,包括钛、不锈钢、铜、铝、镍合金等,具有较强的可扩展性。

(5)应用广泛:LENS技术可以应用于制造各种复杂的零件,如航空航天、汽车、医疗器械等领域,具有广泛的应用前景。

## 3.7.2　工艺过程

(1)加料:将金属粉末放入制造区域,确保其分布均匀。

(2)激光扫描:通过控制激光束的大小、形状和功率,将金属粉末在精确的位置上熔化,并形成需要的结构。

(3)层厚控制:通过调整激光束和制造区域的移动,控制每一层的厚度。

(4)逐层堆叠:重复以上步骤,直到构建出整个三维零件。

(5)后处理:进行热处理或其他工艺处理,以提高零件的性能和质量。

## 3.7.3　设备和材料

LENS技术需要使用特定的设备和材料来实现金属3D打印。

LENS技术的主要设备包括以下3个部分:

(1)LENS机器:LENS机器是一种基于激光的金属3D打印机,由Optomec公司开发。该设备能够通过激光束将金属粉末熔化为三维零件。它包含一个激光束系统、一个粉末喷射系统、一个机床系统和一个控制系统。激光束系统通过将激光束聚焦在粉末表面上,使粉末熔化成为固态的金属零件。粉末喷射系统用于控制金属粉末的喷射和分布。机床系统用于移动和控制打印平台。控制系统用于监控和调整整个打印过程中的参数和状态。

(2)CAD 软件:CAD 软件是设计 3D 零件的软件,可以将 3D 模型转换为 3D 打印机可以理解的 STL 文件格式。在使用 LENS 技术进行金属 3D 打印之前,需要先使用 CAD 软件进行 3D 零件的设计和建模。

(3)CNC 机床:在进行后处理时,需要使用 CNC 机床进行加工和表面处理,包括去除零件的支撑结构、磨光表面、切割等操作。

LENS 技术需要使用的材料有:

(1)金属粉末:LENS 技术需要使用金属粉末作为原材料,包括不锈钢、钛合金、铝合金、镍合金、铜等。这些金属粉末必须符合特定的粒径和化学成分要求,以确保金属 3D 打印零件的质量和性能。

(2)粉末容器:粉末容器是存放金属粉末的地方,需要具有防止粉尘外泄的特点。粉末容器包括密封盒、干燥器等设备。

(3)热处理材料:在完成打印后,需要对零件进行热处理来提高其性能和质量。这就需要热处理炉、气氛控制设备等。

(4)液氮:在进行打印时,需要使用液氮来保持制造区域的低温。这有助于防止金属粉末的氧化和提高打印质量。

(5)激光:LENS 技术使用激光来熔化金属粉末。通常使用的是高能量密度的光束,例如 $CO_2$ 激光或 Nd:YAG 激光。激光的功率、焦距和速度等参数会影响打印质量和效率。

(6)支撑结构材料:在进行金属 3D 打印时,可能需要使用支撑结构材料来支撑打印零件的悬空部分,以防止失稳和变形。

(7)热隔离材料:由于 LENS 技术使用高功率激光来熔化金属粉末,因此需要在制造区域周围使用热隔离材料,如高温陶瓷材料等,这可以避免过热的环境对设备和操作员产生危害。

(8)工艺参数:不同的金属材料和打印条件需要不同的工艺参数,例如激光功率、扫描速度、焦距等。这些参数需要根据具体的材料和设计进行优化和调整。

总之,LENS 技术需要特殊的设备和材料来实现金属 3D 打印。需要注意的是,不同的材料和设备会影响打印质量和效率,因此选择适当的设备和材料对于实现高质量的金属 3D 打印至关重要。

### 3.7.4　典型应用

LENS 技术在航空航天领域中的应用非常广泛,其中一个典型的应用是用于制造大型的涡轮发动机组件。涡轮发动机是现代喷气式飞机的主要动力系统,其中包括许多复杂的零部件,如涡轮叶片、燃烧室、高压燃气涡轮等。

涡轮发动机叶片是十分重要的部件之一,它们直接影响到发动机的性能和效率。使用传统的制造方法,涡轮叶片需要经过多道工序,包括铸造、铣削、热处理等,制造成本高,时间长。而使用 LENS 技术,可以根据设计要求直接通过 3D 打印一次性制造出整个叶片,包括叶片的外形、翼型、气流通道等,这大大减少了制造成本和时间,同时提高了叶片的质量和性能。此外,LENS 技术还可以制造出非常复杂的叶片结构,如曲面、小孔、翼型等,这些结构传统的制造方法很难实现。

因此,LENS 技术在航空航天领域中被广泛应用于制造涡轮发动机叶片和其他复杂的金属零件。它不仅可以提高制造效率,降低成本,还可以制造出更高质量和更优秀的产品。

## 3.8　DLP 技术

### 3.8.1　原理和特点

DLP(digital light processing,数字光处理)技术,是一种常用于 3D 打印的投影光固化技术。它的原理是使用高亮度的数字投影仪,通过控制光学镜头的反射,将 UV 光束聚焦到液态光敏树脂上,使其局部固化,从而逐层构建出 3D 打印物体。

DLP 技术的特点如下:

(1)高精度:DLP 技术使用的数字投影仪能够产生高分辨率的图像,因此能够实现较高的打印精度。

（2）打印速度快：DLP 技术可以同时将整个层次的图像投射到光敏树脂中，因此可以在短时间内完成整个层次的打印。

（3）光固化：DLP 技术使用 UV 光束将光敏树脂局部固化，因此打印出来的零件具有较高的强度和硬度。

（4）支持多种材料：DLP 技术可以使用不同种类的光敏树脂进行打印，从而实现不同颜色和材料的 3D 打印。

（5）适合小批量生产：由于 DLP 技术具有较快的打印速度和高精度，因此适合用于小批量生产，例如在制造原型和定制产品方面的应用。

（6）容易操作：DLP 技术使用数字投影仪和光敏树脂的结合，操作相对简单，操作人员只需要在电脑上进行设计和投影，即可完成 3D 打印。

## 3.8.2  工艺过程

（1）设计模型：首先需要使用 3D 建模软件或者扫描仪来创建或获取 3D 模型数据。这个模型可以是任何形状或尺寸的物体，可以是一个零件、一个原型或者一个完整的产品。

（2）切片软件：将 3D 模型数据输入到切片软件中，切片软件会将 3D 模型分解为一层一层的图像，这些图像被称为切片，每一层的厚度通常为几十微米。每个切片都被转换成 DLP 投影需要的图像格式。

（3）准备 DLP 投影机：在 DLP 投影机中安装一个透明底板，将液态光敏树脂注入透明底板中。

（4）投影：DLP 投影机会将每个切片的图像通过投影透镜投射到树脂表面上，激活并固化树脂，一层一层地堆叠形成实体模型。

（5）清洗和后处理：在模型完全形成之后，需要将模型从树脂中取出并清洗。通常需要用光照固化树脂，去除未固化的树脂，然后将模型放置在紫外线灯下进行固化处理。在固化处理之后，需要进行后处理操作，如打磨、喷漆等，以达到最终的产品质量要求。

## 3.8.3  设备和材料

DLP 技术的设备主要由以下部分组成：

（1）数字投影仪:DLP技术需要使用高亮度的数字投影仪,它能够将数字图像投影到液态光敏树脂上,通过光的反射控制固化。数字投影仪的分辨率和亮度直接影响到3D打印的精度和速度。

（2）光学镜头:光学镜头是用来聚焦UV光束的,它可以使得UV光束更加准确地聚焦在液态光敏树脂上,从而实现高精度打印。光学镜头的质量和精度对3D打印的质量和精度有着直接的影响。

（3）打印平台:打印平台是用来固定光敏树脂容器的,它需要能够在每个层次的打印完成后向下移动一个固定的距离,以便投射下一个层次的图像。打印平台的精度和稳定性对3D打印的质量和精度也有着重要的影响。

DLP技术需要使用光敏树脂作为打印材料。光敏树脂是一种可固化的液态树脂,当接收到UV光束时,会发生聚合反应并硬化。不同种类的光敏树脂可以用于制造不同颜色和材料的3D打印物。用户可以根据需要选择相应的材料,包括透明材料、弹性材料、耐高温材料等。

（1）透明树脂:透明树脂通常用于需要透明或半透明效果的3D打印模型,如玻璃制品、眼镜、灯罩等。

（2）柔性树脂:柔性树脂具有良好的弹性和韧性,可以用于制作需要柔软、弯曲的零件,如弹簧、密封垫等。

（3）耐高温树脂:耐高温树脂可以承受高温环境下的使用,通常用于汽车、航空等领域的零部件制造。

（4）生物医用树脂:生物医用树脂通常用于制造仿生器官、医疗器械等,具有生物相容性和生物可降解性等特点,可以在人体内安全使用。

DLP技术是一种非常优秀的3D打印技术,具有快速打印、高精度打印、高质量打印、可以打印复杂形状、低成本以及可以使用多种颜色和材料的优点。随着数字投影仪技术的不断进步,DLP技术将会变得更加先进和完善。

### 3.8.4　典型应用

DLP技术在医学领域的应用也非常广泛,例如其在牙科修复领域的典型应用:

DLP技术可以用于制造各种牙齿修复材料,包括牙冠、牙套、牙桥等。

与传统的牙齿修复方法相比,DLP 技术制造出的修复材料可以更加精确、高质量,同时可以大大缩短制造周期。在 DLP 技术的帮助下,牙科医生可以更快地为患者进行修复,减轻患者的疼痛和不便。使用 DLP 技术制造牙齿修复材料的关键在于选择合适的光敏树脂材料。这些材料应具有高硬度、高黏度、高抗冲击性、优异的生物相容性和良好的可加工性,以确保制造出的牙齿修复材料具有优异的性能和质量。此外,使用 DLP 技术时还需要选用合适的染色剂和添加剂,以实现所需的颜色和材料性能。

总的来说,DLP 技术在牙科修复领域的应用,可以大大提高牙齿修复的质量和效率,同时可以减轻患者的痛苦和不便。此外,使用 DLP 技术制造出的牙齿修复材料可以更加精确、逼真,具有更好的美观效果,从而提高了患者的满意度。

# 第四章 3D 打印的工业应用

## 4.1 3D 打印对工业设计的影响

3D 打印技术是一种创新技术,它可以在很短的时间内,仅仅利用三维模型数据,不需要任何辅助的工装夹模等辅助工具,直接制造出复杂零件,其制造过程与使用的材料和产品形状的复杂程度没有关系。

3D 打印技术对工业设计产生了深远的影响。以下是一些主要的影响:

(1)快速原型制作:3D 打印技术能够帮助工业设计师快速制作出物理模型,以便进行设计评估和验证。相对于传统制造方法,3D 打印制造原型的速度更快、成本更低,并且可以根据需要进行修改,提高了设计的效率和准确性。例如,汽车制造商可以使用 3D 打印技术制作汽车模型,以便更好地理解其外观和功能,并进行修改和优化。

(2)个性化生产:3D 打印技术使得工业设计师可以为每个客户量身定制产品。通过 CAD 软件和 3D 打印技术,设计师可以按照客户的要求快速制造出个性化产品。例如,在运动鞋设计中,制造商可以使用 3D 打印技术根据客户的脚型生产出符合其需求的鞋子。

(3)节省成本:3D 打印技术可以通过减少中间环节,从而降低制造成本。3D 打印技术可以直接将设计转化为物理产品,无须使用多个工具和设备来加工和制造。例如,飞机制造商使用 3D 打印技术生产部件,从而大幅降低了制造成本。

(4)创新设计:3D 打印技术能够帮助工业设计师创造出更加复杂和精细的设计。3D 打印技术可以制造出更为复杂的零件和组件,这些组件可能不适合传统的制造方法。例如,在医疗器械制造中,3D 打印技术可以生产出更加精细的人工器官,包括假肢、人工关节等。

(5)减少浪费:3D 打印技术可以减少废品的产生。3D 打印技术可以将材料精确地应用到设计中,从而减少了材料浪费。例如,服装制造商可以使用 3D 打印技术将面料直接转化为服装,而不需要将面料切割成传统的平面形状,这样可以减少浪费。

(6)可持续发展:3D 打印技术可以实现精细化制造,减少了材料的浪费和能源的消耗,这符合可持续发展的理念,也是工业设计师需要考虑的重要问题。

(7)全新的制造方式:3D 打印技术提供了一种全新的制造方式,相比于传统的制造方式,3D 打印可以更快速、更灵活地制造出各种形状的产品,使得工业设计师能够更加自由地发挥创造力,实现更加复杂和精细的设计。

(8)创新设计思路:传统的制造方式往往限制了设计师的思路,因为设计师需要考虑产品的可制造性和成本问题,而 3D 打印技术的出现使得设计师能够更加大胆地尝试各种创新的设计思路,不再受限于传统的制造方式。

总之,3D 打印在工业应用中具有许多优势,可以加速产品开发过程,减少成本,提高生产效率,从而帮助企业更加灵活地应对市场需求和客户要求,它已经成为现代工业设计不可或缺的一部分。

## 4.2　3D 打印技术工艺分类

### 4.2.1　材料挤出技术

随着时代的发展,我们可以将注意力转移到特定的 3D 打印技术上。从整台硬件的销量来看,目前使用最多的是"材料挤出技术",它也被称为熔融沉积成型(FDM)。它指的是所有从计算机控制的喷嘴中通过输出半液体材料构建物体层的 3D 打印过程。使用材料挤出技术进行 3D 打印的构建材料有很多种,包括混凝土、陶瓷、巧克力,甚至金属。但是,最常见的挤出材料是塑料(技术上称为热塑性塑料),它从喷嘴中输出时能够被暂时熔化。材料挤出技术可以分为热塑挤压工艺、复合材料的材料挤出工艺、碳纤维增强塑料的挤出工艺、金属材料挤出工艺、多相喷射凝固工艺、混凝土材料挤出工艺、黏土的材料挤出工艺、食品的材料挤出工艺等。

1. 热塑挤压工艺

热塑挤压工艺（hot extrusion process）是一种将材料加热至塑性状态,然后将其挤压,通过模具来制造复杂截面形状的金属成型工艺。在热塑挤压工艺中,金属材料被加热到其熔点以上,然后通过一个金属筒子将材料推入一个特定形状的模具中,最终形成所需的截面形状。

该工艺适用于加工高强度、高温材料,例如钛合金、镍合金和铝合金等。由于金属在加工过程中发生塑性变形,因此热塑挤压可用于生产复杂的截面形状,如圆形、椭圆形、方形、六角形等形状的金属管材、棒材、型材等。

热塑挤压工艺具有高精度、高效率、低废品率等优点,广泛应用于汽车、航空航天、船舶、建筑、电子、电气等领域。

当涉及塑料加工时,热塑挤压是一种非常常见的方法。这种工艺通过将高温和高压应用于塑料坯料,使其变形成为所需的形状,例如管道、线缆外壳、门窗框架等等。

在热塑挤压工艺中,首先将塑料坯料(通常是以颗粒形式存在的聚合物)送入料斗中,通过输送带将其送入挤压机的进料区。在挤压机中,塑料坯料会被加热到高温,并在高压下通过一个挤出口挤出,形成所需的截面形状。热塑挤压的优点包括高效、成本低廉、可以生产较长的连续长度产品、可以处理多种类型的塑料等等。这种工艺可以用于生产各种各样的塑料制品,从简单的管道到复杂的门窗框架,甚至是汽车和电子零部件等。

相较于其他 3D 打印方法,使用热塑挤压创建的物体在视觉上会呈现出明显的层次结构,也就是说,当我们近距离观察一个通过热塑挤压 3D 打印出来的物体时,可以很清晰地看到它由不同的层次组成。这种层次结构在倾斜或弯曲的表面上可能更加明显。物体是否呈现出层次结构取决于 3D 打印机的分辨率和精度。目前,最好的工业级 3D 打印机可以创建出 0.1 毫米薄的塑料层,两轴的精度也可以达到 0.1 毫米。成本较低的 3D 打印机通常所能达到的层厚在 0.2 到 0.5 毫米之间,而两轴精度则约为 0.2 毫米。尽管人们普遍认为人眼无法识别小于 0.1 毫米的层次,但即使是这样的细小层次也能使物体表面触感略显粗糙。实际上,使用热塑挤压制造的物体表面通常不会很光滑,除非经过打磨或化学处理等后处理。不过,现在主流的

3D 打印制造商称他们最新生产的 3D 打印硬件在精度和表面质量问题上已经可以与传统注塑成型技术相媲美。

热塑挤压工艺的主要优点在于：

(1)制造速度较快,可以生产大批量的零部件。

(2)生产的零部件具有较高的密度和机械强度,耐磨性好。

(3)可以利用多种材料制造产品。

(4)可以生产较大尺寸的零部件。

主要缺点有：

(1)对于一些复杂的几何形状的零部件,热塑挤压工艺可能难以制造。

(2)相比于传统打印,热塑挤压工艺需要更多的设备和工具,成本较高。

(3)生产的零部件表面可能较粗糙,需要进行后续处理。

2.复合材料的材料挤出工艺

复合材料的材料挤出工艺(composite extrusion process)是将多种材料混合后通过挤出机挤出成型的过程。这种挤出过程通常是在高温和高压下进行的,以确保复合材料中各种材料能够充分混合并形成均匀的材料结构。挤出机会将混合材料加热到熔化状态,并通过模头挤出所需的形状和尺寸。

复合材料的材料挤出工艺常被用于生产具有特殊性能的制品。例如,可以将纤维增强塑料挤出成管、板、型材等形状,以满足不同领域的应用需求。同时,复合材料的材料挤出工艺还可以生产出具有耐磨、耐腐蚀、耐高温等特性的制品,如工业管道、化工设备等。此外,该工艺还可用于生产航空、汽车、船舶等领域的结构材料,以满足对轻量化、高强度等性能有较高要求的产品的制造需求。

当涉及复合材料的材料挤出工艺时,通常使用的是双螺杆挤出机。这种挤出机通过同时旋转两个螺杆来加工复合材料。这种工艺可以在成型过程中对材料进行连续的混合、熔融和分散,从而实现对物料质量的控制。

在复合材料挤出工艺中,通常会使用热塑性树脂作为基础材料,然后将其与增强材料(如碳纤维、玻璃纤维、芳纶纤维等)混合在一起。在挤出过程中,螺杆将混合物加热熔融,并将其送入模具中进行成型。在模具中,材料会通过自然冷却或快速冷却来形成所需的形状。

复合材料的材料挤出工艺具有多种优点,包括生产效率高、生产速度快、成本低、制造过程中对环境的污染较少等等。此外,这种工艺还可以为材料提供更好的力学性能和更高的强度。

相比于传统的 3D 打印技术,复合材料的材料挤出工艺具有以下优缺点:

优点:

(1)生产速度快:复合材料挤出工艺可以在较短时间内生产出较大尺寸、高强度、高质量的复合材料制品,而且可以一次性生产多个制品,提高了生产效率。

(2)制品强度高:由于挤出机可以对纤维进行方向布置和分散,因此复合材料挤出工艺所生产的制品具有更高的强度和韧性。

(3)可塑性强:复合材料挤出工艺可以使用不同种类和比例的材料进行混合,以制造不同性质的复合材料制品。

(4)降低成本:相较于传统的复合材料生产工艺,复合材料挤出工艺可以通过自动化控制系统和生产线加工工具来降低生产成本。

缺点:

(1)需要较高的技术水平:复合材料挤出工艺需要高度自动化的生产线、专业的设备和技术人员,因此对制造商的要求较高。

(2)设备成本高:复合材料挤出机器的成本相对较高,这也导致了生产成本的上升。

(3)材料的选择受限:在挤出过程中使用的材料必须具有良好的流动性和成型性,因此对于一些性质较为特殊的材料,可能无法使用挤出工艺生产。

3.碳纤维增强塑料的挤出工艺

碳纤维增强塑料的挤出工艺(carbon fiber reinforced plastic extrusion process)通常使用的是热塑挤出工艺,也就是将预制的碳纤维增强塑料颗粒加热到一定温度,在挤出机中加压挤出成型。该工艺中的挤出机通常是由螺杆和简体组成的。

在挤出过程中,预制的碳纤维增强塑料颗粒被加到挤出机的喂料口中,随后在螺杆的作用下,颗粒被推进筒体中。在筒体中,颗粒受热熔化,并被压缩和挤出成型。最终,成型的碳纤维增强塑料通过挤出机的出料口被释放出来,并被拉伸和冷却,形成最终的形状和尺寸。

该工艺可以用于生产高强度、高刚度和轻量化的零件和组件,具有优异的机械性能和耐用性。但是,该工艺的成本相对较高,需要专业的设备和技术,因此通常用于高端应用领域。

碳纤维增强塑料的挤出工艺是一种将碳纤维与塑料熔融混合后挤出成型的工艺,可用于制造各种复杂形状的零件和构件,包括航空航天、汽车、医疗和体育用品等领域。当制备碳纤维增强塑料时,通常会使用增强纤维(例如碳纤维、玻璃纤维、芳纶纤维等)和热塑性树脂(例如聚丙烯、聚酰胺、聚酯等)组合而成。挤出工艺是其中一种常用的加工方法。

在碳纤维增强塑料的挤出工艺中,首先需要将增强纤维与热塑性树脂混合均匀,形成复合材料。然后,将混合好的复合材料加热到一定温度,使其变得具有可塑性,并将其推入挤出机的料斗中。挤出机将复合材料加热并通过一个模具挤出,使其形成所需的形状。在挤出过程中,可以控制挤出的速度、温度、压力等参数,以获得所需的产品性能。

与其他加工方法相比,碳纤维增强塑料的挤出工艺具有以下优缺点:

优点:

(1)高生产效率:相对于手工制作和其他加工方法,挤出工艺的生产效率更高,可以快速制造大量复杂形状的产品。

(2)材料利用率高:挤出工艺可以减少材料的浪费和损失,可以通过对挤出过程的控制来减少材料的切割和加工。

(3)制造成本低:由于生产效率高、材料利用率高,挤出工艺的制造成本通常较低。

(4)产品性能优良:碳纤维增强塑料具有高强度、高刚度、轻质化等优点,可以在航空航天、汽车、建筑等领域得到广泛应用。

缺点:

(1)工艺复杂:由于碳纤维增强塑料具有高强度和高刚度等特性,加工难度较大,需要进行严格的工艺控制和设备调整。

（2）成本较高：由于碳纤维和热塑性树脂的成本较高，加工碳纤维增强塑料的成本也较高。

（3）挤出后处理复杂：由于挤出后的产品表面粗糙，需要进行后处理，例如研磨、打磨、表面涂层等。

4.金属材料挤出工艺

金属材料挤出工艺（metal extrusion）是一种将金属材料通过模具形成横截面固定的产品的一种挤出成型工艺。与热塑挤压工艺不同的是，金属材料挤出工艺需要将金属材料加热至高温状态，并施加高压力将其挤出模具，从而得到所需形状的产品。它通常用于生产连续的金属型材，如铝合金门窗框、铝合金车身、铜管等。在金属材料挤出工艺中，金属坯料首先被放入挤出机的料斗中，然后被推送到机器中的加热区域进行预热。预热后的金属坯料被送到模具中，通过模具的挤压作用，在模具的出口处被挤压成型，形成连续的金属型材。

在金属材料挤出工艺中，挤出机通常由电机、减速器、螺杆和模头组成。金属材料首先通过料斗输入到挤出机的螺杆中，在高温下被加热和塑化，然后被螺杆向前推送，通过模具挤出成型。模具通常由合金钢制成，具有所需形状的截面。

金属材料挤出工艺具有高生产效率、低成本、制造出来的产品表面光洁度高、尺寸稳定性好等优点。此外，金属材料挤出工艺还可以通过改变模具结构和挤出机参数，制造出不同形状和尺寸的金属型材，具有一定的灵活性和可塑性。不过，金属材料挤出工艺也有一些缺点，包括需要高度专业的技术人员进行操作、设备维护成本高、生产过程中存在挤压力、模具磨损等。

相较于传统的3D打印技术，金属材料挤出工艺具有以下优缺点：

优点：

（1）高强度：使用金属材料挤出工艺制造出来的零件具有较高的强度和硬度，可以承受较高的负荷。

（2）高密度：与其他3D打印技术相比，金属材料挤出工艺制造的零件密度更高，更接近实际材料的密度。

（3）高效率：相比传统的金属加工方法，如铸造和机械加工，金属材料挤出工艺制造零件的速度更快,节省了制造时间和成本。

(4)可定制性强:金属材料挤出工艺可以通过更换挤出头和调整工艺参数来实现不同形状、尺寸和性能的金属零件制造。

缺点:

(1)成本高:相对于其他 3D 打印技术,金属材料挤出工艺的设备和材料成本较高,导致制造成本较高。

(2)限制性强:金属材料挤出工艺制造的零件形状和尺寸受到挤出头形状和尺寸的限制,难以实现复杂形状和大型零件的制造。

(3)高温高压:金属材料挤出工艺需要高温高压的条件,工艺复杂,操作难度较大。

(4)表面粗糙:由于金属材料挤出工艺需要经过多次加工和热处理,表面粗糙度较高,需要进行后续的表面处理。

5.多相喷射凝固工艺

多相喷射凝固工艺(multiphase jet solidification,MJS)是一种 3D 打印金属材料的方法。这种方法涉及两种或更多金属材料的喷射,以在熔池中形成合金材料。在 MJS 过程中,使用高速喷嘴将液态金属注入熔池中,同时使用高速气体喷射来产生液态金属流的涡流,从而使不同的金属材料混合在一起并迅速凝固。

MJS 工艺可以在短时间内制造高质量的金属零件,并且能够打印出复杂的几何形状。此外,由于使用高速喷射和凝固,MJS 工艺可以制造出具有细小颗粒的均匀微结构和高密度的金属材料,这些特性使得打印件具有更高的力学强度和耐用性。

然而,MJS 工艺的成本较高,而且需要大量的实验来确定喷射参数和材料配比。此外,由于熔池温度非常高,因此打印件的表面质量可能不太理想。

在 MJS 工艺中,喷嘴通过控制粉末颗粒的尺寸和形状以及喷嘴与基底板之间的距离,来控制合金坯料的微观结构和物理性能。此外,MJS 还可以在加工过程中添加化学物质来改变合金坯料的化学性质和性能,从而使其具有更广泛的应用。

相比传统的 3D 打印工艺,多相喷射凝固工艺具有以下优缺点:

优点:

(1)高效:多相喷射凝固工艺具有高速制造的优势,可以大幅缩短制造周期。

(2)成本低:这种工艺采用的材料成本相对较低,而且由于可重复利用粉末材料,因此可以减少浪费。

(3)可制造大型结构:多相喷射凝固工艺可以用于生产大型结构,例如飞机的机翼和飞机发动机的外壳等。

(4)材料性能好:在多相喷射凝固过程中,金属材料被快速凝固,使得其晶体结构更为紧密,从而具有更好的强度和耐用性。

缺点:

(1)设备成本高:相比传统 3D 打印设备,多相喷射凝固设备的成本更高,因此不是所有企业都能负担得起。

(2)技术要求高:多相喷射凝固工艺需要高精度控制设备,需要专业技术人员进行操作和调试。

(3)制造精度有限:由于喷射凝固过程中的热量和力量都是难以控制的,所以制造精度有限,难以生产出高精度的零件。

6. 混凝土材料挤出工艺

混凝土材料挤出工艺(concrete extrusion process)是一种将混凝土挤出成特定形状的 3D 打印技术。它使用类似于热塑挤出的工艺,将混凝土材料通过喷头挤出,依次逐层叠加形成复杂的混凝土构件。这种技术通常需要在混凝土中添加特殊的添加剂来改善混凝土的流动性和硬化速度。

混凝土材料挤出工艺具有以下优缺点:

优点:

(1)构件制造速度快:与传统的混凝土制造方式相比,混凝土材料挤出工艺可以大大缩短构件制造的时间。

(2)高度自动化:由于使用了 3D 打印技术,混凝土材料挤出工艺可以高度自动化,从而降低人工操作和人为失误的风险。

(3)可以制造复杂形状的构件:混凝土材料挤出工艺可以制造出复杂的

几何形状和内部结构,这在传统混凝土制造中很难实现。

(4)资源利用率高:由于可以精确控制混凝土的挤出量和形状,因此可以减少混凝土的浪费和资源的消耗。

缺点:

(1)需要耗费大量能源:混凝土材料挤出工艺需要将混凝土挤出成型,需要消耗大量的能源。

(2)机器成本高:混凝土材料挤出机器成本较高,需要大量的资金投入。

(3)材料成本高:与传统混凝土材料相比,用于混凝土材料挤出的混凝土材料通常需要特殊的添加剂和高品质的原材料,因此成本较高。

7. 黏土的材料挤出工艺

黏土的材料挤出工艺(clay extrusion technology)是将黏土放入挤出机中,通过旋转的螺杆将黏土挤出成所需形状的工艺过程。该过程类似于热塑性挤出,但使用的材料是黏土,而不是热塑性塑料或金属。黏土挤出工艺可用于制造各种形状的陶瓷和陶瓷制品,例如花瓶、餐具和装饰品。该过程可用于生产大批量的复杂形状的陶瓷制品,同时也可用于快速制造小批量的高质量陶瓷制品。

与传统3D打印相比,黏土材料挤出工艺具有以下优缺点:

优点:

(1)可以使用原始的、未经处理的黏土作为材料,因此相对成本低廉。

(2)黏土材料挤出工艺可以制造大型和复杂形状的对象,因为挤出机可以移动并在任意方向上进行打印。

(3)可以打印出不同质感和形状的物体,例如凹凸纹理或类似石头或树皮的表面。

缺点:

(1)黏土材料需要在打印前进行处理,包括混合、切割、过滤等步骤,这可能会增加制造成本和时间。

(2)黏土材料挤出工艺需要精确的温度和湿度控制,以确保打印出的对象不变形或开裂。

(3)由于挤出速度较慢,打印速度相对较慢,因此可能需要更长的时间来完成大型或复杂的打印任务。

8. 食品的材料挤出工艺

食品的材料挤出工艺(food extrusion process)是一种将食材通过挤压机器挤出成所需形状的工艺,类似于工业上的挤出成型技术。食品挤出机通常由料斗、螺旋输送器、挤出头和切割装置等部件组成,食材从料斗中进入螺旋输送器,被螺旋输送器推进到挤出头处,通过挤压头的孔口挤出,再由切割装置进行切割。

这种工艺适用于各种食材的制作,如面条、饼干、巧克力、肉制品等。它可以生产出各种形状的食品,如直条形、环形、球形等,并可以通过更换挤出头和调整挤压机器参数来控制食品的大小、形状、口感和颜色等。

相比于传统的食品制作工艺,食品的材料挤出工艺具有以下优缺点:

优点:

(1)生产效率高:自动化生产,生产速度快,能够大量生产。

(2)生产成本低:通过精准控制食材用量和成型形状,能够避免浪费,从而降低生产成本。

(3)可以生产各种复杂形状的食品:通过更换挤出头,可以生产出各种形状的食品,如花瓣形、星形、月牙形等,可以满足消费者对多样化、个性化食品的需求。

(4)卫生安全:食品挤出工艺可以降低人为因素对食品的污染和交叉感染,从而保证食品的卫生安全。

缺点:

(1)研发成本较高:对于新型食品,需要进行复杂的研究和开发才能生产出理想的产品。

(2)受材料限制:挤出机的材料不能太黏稠,否则会对生产效率和食品品质产生影响。

西班牙的 Robots in Gastronomy 研究小组开发出了一台名为 FoodForm 的 3D 打印机,它可以在任何表面上挤出可用的构建材料,包括在热烤架、油炸锅或冷却的器具上。通过利用 FoodForm 进行试验,Robots in Gastronomy 已经使用面包、蛋糕、曲奇、榛子、巧克力、奶油、蜂蜜、奶酪、冰激凌、乳酪蛋糕、酥皮、各种糖霜、通心粉、鸡蛋、香肠以及果泥等食品成功地进行了 3D 打印。

## 4.2.2 桶式光聚作用

桶式光聚作用（vat photopolymerization）是一种 3D 打印技术，也被称为液态树脂打印（stereolithography）。它使用光敏聚合物树脂作为材料，通过使用激光或 LED 等光源对液态树脂进行照射，使其在所照射区域固化和硬化，通过逐层堆叠和硬化液态树脂，最终形成 3D 打印模型。

在桶式光聚作用中，液态聚合物树脂会被注入一个透明的桶中，称为"光罐"，并且涂上一层非黏性涂层。然后，光源通过光罐的底部照射到树脂上，使其在所照射区域硬化。完成一层后，平台会向下移动一个固定距离，使下一层树脂悬浮在上一层的硬化物之上。这个过程会一直重复，直到完成整个模型的打印。

桶式光聚作用技术可以打印出非常细致和复杂的结构，因为树脂可以很容易地流动和填充细小的空间。但是，它的材料成本相对较高，因为光敏树脂通常比其他 3D 打印材料更昂贵。此外，硬化树脂所需的时间可能比其他 3D 打印技术更长。它可以分为光固化快速成型工艺，DLP 投影技术，扫描、旋转和选择性光固化技术，基于光刻的陶瓷制造技术，双光子聚合技术，材料喷射技术，黏合剂喷射技术等。

1. 光固化快速成型工艺

光固化快速成型工艺是指通过在光敏材料上聚焦激光或光束，局部加热并固化材料，从而逐层堆积成为三维物体的一种快速成型技术。该工艺可以应用于制造复杂形状、高精度、高质量的零件或模型，广泛应用于制造、医疗、艺术设计等领域。

在光固化快速成型工艺中，一般使用的光敏材料为液态光敏树脂，该树脂在受光照射后会发生聚合反应，从而形成固体。激光或光束可以通过控制光的强度和方向，使其在光敏树脂表面的某个区域进行局部加热，进而引发聚合反应，从而逐层形成所需的三维形状。

光固化快速成型工艺具有制造速度快、精度高、成本低等优点，同时也存在一些缺点,如所制造的部件通常具有尺寸较小、表面粗糙度较高、易变形等问题。此外,由于所使用的光敏材料大多为有机物质,该工艺对环境有一定的污染。

### 2. DLP 投影技术

DLP 是数字光处理(digital light processing)技术的缩写,是一种基于微镜片和投影仪的成像技术。在 DLP 3D 打印中,UV 光源通过投影仪投射在一个 DLP 光刻液中,光刻液中的光敏物质在 UV 光的作用下发生聚合反应,形成一个固体层。投影仪会在每一层打印之前,按照 3D 模型的轮廓,对 UV 光进行精确控制,以实现在光刻液中形成想要的 3D 形状。

与传统的 SLA 技术相比,DLP 3D 打印可以在很短的时间内完成整个打印过程,并且具有更高的分辨率和更好的表面质量。此外,DLP 技术在打印成型过程中可以使用多种颜色或透明材料,因此它在制造模型和产品外观样品方面有着广泛的应用。不过,DLP 打印机的初始成本通常比 SLA 打印机更高,并且由于使用的是 UV 光源,有特殊的安全注意事项。

### 3. 扫描、旋转和选择性光固化技术

扫描、旋转和选择性光固化技术是一种常见的 3D 打印工艺。该工艺使用激光或光束来将液态光敏树脂或光敏聚合物材料层层固化,直到构建出所需的 3D 物体。

在该工艺中,打印机通过扫描或旋转建模平台,将光束或激光束照射在材料表面,使其固化成所需的形状。与传统的 SLA 技术不同的是,选择性光固化技术使用了特殊的光敏聚合物材料,这种材料只有在特定的波长范围内才会固化。

该工艺的优点包括生产精度高、表面质量好、可打印细小的结构和复杂的几何形状等,缺点则是材料种类受限、打印速度相对较慢、成本较高等。

### 4. 基于光刻的陶瓷制造技术

基于光刻的陶瓷制造是一种通过光固化技术制造陶瓷的工艺。它采用类似于传统光刻工艺的方法,通过在光敏陶瓷材料表面使用掩膜(mask)进行照射,从而实现局部光聚合固化,最终得到所需形状的陶瓷零件。

这种制造方法需要用到特殊的光敏陶瓷材料,它具有高度的化学稳定

性和热稳定性,能够承受高温烧结过程中的变形和收缩。该技术主要适用于制造高精度、复杂形状和微结构的陶瓷零件,例如微机电系统(MEMS)设备、微流体器件、传感器、电容器等。

与传统陶瓷制造相比,基于光刻的陶瓷制造具有以下优点:

(1)高精度:可以制造高精度、微型和复杂形状的陶瓷零件。

(2)可控性好:可以通过调整光照强度和时间来控制局部光聚合固化的位置和形状。

(3)低成本:相对于传统陶瓷制造,基于光刻的陶瓷制造具有较低的成本和较短的制造周期。

(4)高效率:制造过程中不需要进行模具制造和加工,可以缩短制造周期和降低制造成本。

但是,基于光刻的陶瓷制造也存在一些限制和缺点,例如材料选择范围较小、制造规模受限、表面粗糙度较高等。

5. 双光子聚合技术

双光子聚合技术(two-photon polymerization technology)是一种基于非线性光学的 3D 打印技术,也被称为双光子聚合成型(TPA)或光固化直写(DLW)。该技术使用激光束来控制材料的固化,激光束被聚焦到非常小的区域,使得只有该区域内的材料被固化。由于需要非常高的光功率和光密度才能实现固化,因此通常使用短脉冲激光来进行控制。这种技术可以在非常小的尺度上进行控制,可以制造出非常复杂的微观结构,例如生物芯片、微机械系统等。

双光子聚合技术相比于传统的 3D 打印技术有以下优点:

(1)可以制造非常精细的结构,甚至可以到亚微米级。

(2)可以使用一些传统的 3D 打印技术无法使用的材料,例如光敏材料。

(3)不需要使用支撑结构,因此可以制造出非常复杂的结构,而不会产生支撑结构残留物。

然而,双光子聚合技术也存在以下缺点:

(1)制造速度较慢,通常只用于制造非常小的结构。

(2)制造尺寸有限,不能制造大型物体。

（3）设备价格和材料成本较高。

6. 材料喷射技术

材料喷射技术（material jetting），也称为喷墨式打印技术，是一种将液态或半固态材料通过喷嘴喷射到基板上形成所需结构的快速成型技术。这种技术通常用于打印生物材料、高分子材料、金属材料、陶瓷材料等。

材料喷射技术的主要原理是利用喷嘴喷出精确控制的小液滴或小颗粒，在基板上逐层沉积并固化形成所需的结构。这种技术与传统3D打印技术的区别在于，它可以打印出更加精细的结构，并且可以使用更多种类的材料。

材料喷射技术的优点包括高精度、高速度、可打印多种材料、可以打印出复杂的内部结构、打印过程中不需要支撑物、材料利用率高等。缺点包括设备成本高、打印速度较慢、材料的流变性要求高、材料的凝固速度要求高等。

7. 黏合剂喷射技术

黏合剂喷射技术（adhesive jetting）是一种3D打印技术，也被称为热熔胶3D打印技术。它使用热熔胶或其他热可塑性材料作为喷射材料，在加热后变成可喷射状态。这种技术通过控制喷嘴的运动，将热熔胶喷射到工作平台上，逐层堆积形成3D模型。

这种技术与传统3D打印技术相比具有一些优点。例如：黏合剂喷射技术可以使用多种材料，包括热熔胶、蜡、丙烯酸和聚合物，可以在相对低的温度下打印，而不会引起变形或烧结；这种技术可以打印非常大的物体，因为打印过程中材料可以在工作平台上稳定地固定；与其他3D打印技术相比，黏合剂喷射技术的打印速度较快，可以同时打印多个物体。

然而，黏合剂喷射技术也有一些缺点。例如：由于打印过程中使用的是液态材料，因此所打印出的模型的表面可能会不够光滑；这种技术的分辨率通常较低，因此不适合打印高精度模型；打印的成本也较高，因为材料必须经过加热和冷却循环；喷嘴需要经常清洁以避免堵塞。

（1）黏合剂喷射砂型铸造模具和模芯

黏合剂喷射技术也可用于砂型铸造中模具和模芯的制造。在传统的砂型铸造中,模具和模芯通常由黏结剂和砂的混合物制成,然后经过挤压、冲击或振动以实现所需的形状。然而,这些传统方法存在一些限制,例如生产过程中的不均匀性、局部缺陷和黏结剂热解等问题。

黏合剂喷射技术可以通过在模具或模芯表面喷射一层细小的黏合剂颗粒,并使用激光或其他热源加热使其熔化和凝固,从而制造出复杂形状的模具和模芯。与传统方法相比,这种方法具有更高的精度、更短的生产时间和更少的材料浪费。

几千年来,砂型铸造一直是生产铁、青铜、黄铜、铝和黄金等金属的常见制作工艺。该技术主要使用一种特殊的树脂浸渍砂,根据物体"模板"进行制造。这种模板一般是用木材等相对容易塑造成型的材料做成。

砂在模板中压实之后,就要将模板从组装的模具中拿掉,这个过程可能需要将模具拆分再重新组装,然后将熔融金属倒入模具形成模板的形状。最后,等金属凝固后,把砂型模具分离掉就得到了最终的物体。

（2）黏合剂喷射金属打印

黏合剂喷射金属打印（binder jetting metal printing）是一种金属 3D 打印技术。它采用类似于传统粉末冶金的工艺流程,首先将金属粉末喷撒在打印平台上形成一层薄层,然后使用喷射头喷洒黏合剂,将金属粉末粘在一起形成固体对象,最后通过烧结过程,将这些对象形成完整的金属部件。

黏合剂喷射金属打印具有成本低、打印速度快、适用于大型制件、表面质量高等优点。但是,由于喷射的黏合剂需要烘干和固化,所以需要花费时间来完成这个过程,并且打印出的部件具有一定的孔隙率和表面粗糙度,需要进行后续的处理和精加工。

（3）黏合剂喷射玻璃打印

黏合剂喷射玻璃（binder jetting of glass）打印是一种使用玻璃颗粒或粉末以及黏合剂打印出玻璃构件的技术。该技术的原理类似于其他黏合剂喷射打印技术,即使用打印头将黏合剂喷洒在玻璃颗粒或粉末上,形成玻璃层,并在每一层之间固化,最终形成一个完整的玻璃构件。

与传统的玻璃制造方法相比,黏合剂喷射玻璃打印具有以下优点:

①可以打印出复杂形状的玻璃构件,包括中空结构和内部通道等。

②可以在玻璃中添加多种颜色和纹理。

③可以在制造过程中实现大量的定制化设计和快速生产。

不过,黏合剂喷射玻璃打印技术仍然存在一些挑战,例如黏合剂对玻璃的透明度和力学性能可能会产生影响,需要对打印参数进行精细控制。此外,当前的玻璃打印技术还存在一些限制,如打印速度较慢、需要经过复杂的后处理等。

### 4.2.3　粉末床熔融

粉末床熔融(powder bed fusion)是一种常见的 3D 打印工艺,它包括多个子工艺,例如激光烧结(laser sintering,LS)、电子束熔化(electron beam melting,EBM)、选择性激光熔化(selective laser melting,SLM)等。这些工艺都使用粉末材料,通过在粉末层上聚焦能量源,将粉末加热熔化,一层一层地构建成所需的物体。

其中,SLM 和 EBM 使用激光束或电子束在粉末层上聚焦,将粉末熔化,形成固态金属部件。LS 则使用激光束或其他能量源在粉末层上聚焦,将粉末烧结成固体,构建出所需的部件。

粉末床熔融工艺可以制造出复杂形状、高精度、高强度的金属、塑料等部件,因此在航空航天、医疗、汽车等领域得到广泛应用。

1. 激光烧结技术

激光烧结技术是一种利用激光束将金属粉末或陶瓷粉末烧结成固体零件的制造方法。它通常使用高功率激光束将粉末层加热至熔化或部分熔化状态,使其粒子间互相黏结,最终形成一个坚固的 3D 结构。激光烧结技术主要包括选择性激光烧结(SLS)和直接激光烧结(DMLS)两种。

在 SLS 中,粉末层在热板上被均匀地分布,并使用激光束扫描每一层,将其烧结成具有所需形状的零件。SLS 的优点是制造过程中不需要使用支撑结构,因此制造出的零件比较精确,表面质量好。

在 DMLS 中,激光束直接烧结金属粉末,将其融合成一层,然后在这一层上再次扫描激光束,以形成所需形状的零件。DMLS 通常用于制造金属零件,具有高密度和优良的机械性能,可以用于制造高精度零件和工具。

2. 电子束熔化技术

电子束熔化技术是一种先进的金属 3D 打印技术,利用高能电子束使金属粉末熔化,并在数控下进行成型。与激光熔化技术相比,电子束熔化技术具有更高的成型精度、更好的材料性能和更低的成型温度。

电子束熔化技术的基本原理是利用电子束对金属粉末进行熔化和成型。在该过程中,电子束的高能量可以使金属粉末迅速升温并熔化,然后在成型器上进行成型。与激光熔化技术相比,电子束的成型温度更低,因此可以更好地控制材料的微观结构和力学性能。

电子束熔化技术主要用于制造高品质金属零件,例如航空航天零部件、医疗设备、复杂工业部件等。与其他金属 3D 打印技术相比,电子束熔化技术可以实现更高的精度和更好的材料性能,但也存在成本高和生产速度慢等缺点。

3. 选择性激光熔化技术

选择性激光熔化技术是一种金属 3D 打印技术,它使用高功率激光束在金属粉末上进行选择性加热,将其熔化后固化为固体的三维物体。

选择性激光熔化技术的工作过程与其他金属 3D 打印技术类似,它使用一个数控机器,通过扫描金属粉末层并逐层堆积金属粉末来建立所需的三维形状。然后,激光束在金属粉末表面扫描,将所需的部分熔化后固化,然后再扫描下一层,逐渐建立三维物体。这个过程需要精确控制激光束的功率和扫描速度,以确保每一层都能够完全熔化,同时不会导致过度熔化和过度固化。

选择性激光熔化技术可以制造复杂的金属零件,具有高强度和高密度。此外,与其他金属 3D 打印技术相比,选择性激光熔化技术具有更高的材料利用率,因为只有需要的部分会被熔化。然而,这种技术的主要缺点是建造速度较慢,因为每一层的扫描都需要时间,而且设备和材料成本较高。

## 4.2.4 定向能量沉积技术

定向能量沉积技术(directed energy deposition,DED)是一种增材制造技术,通过将高能量源(如激光束或电子束)集中照射到金属或其他材料表面,将其熔化或烧结,从而在原材料表面逐层堆积,并逐渐构建出所需的零件或构件。

这种技术的主要优点是能够在较短的时间内生产出复杂形状的零件,同时还可以使用多种材料,包括金属、陶瓷和复合材料等。此外,由于在加工过程中可以对材料进行加热和冷却控制,因此可以获得高质量的零件,也可以实现对材料的微观结构和性能进行调控。

然而,与其他增材制造技术相比,定向能量沉积技术的精度和表面质量有时可能会受到限制,同时也需要较高的设备和能源成本。

定向能量沉积技术和传统的加工方法相比有以下优缺点:

优点:

(1)可以快速制造复杂的几何形状,无须设计或制造模具或夹具。

(2)可以在生产过程中轻松更改设计,减少了生产周期和成本。

(3)与传统加工方法相比,可以减少浪费和损失的材料量。

(4)可以生产高质量的零件和产品,具有较高的材料密度和机械强度。

缺点:

(1)制造较大型号的零件需要更长的生产时间。

(2)高端设备和材料成本较高,增加了生产成本。

(3)目前所能使用的材料类型和质量仍然有限,无法满足所有的应用需求。

(4)表面质量和光洁度较低,需要进行二次加工处理。

### 4.2.5　层叠制造成型技术

层叠制造成型技术是一种基于逐层叠加材料来实现零件制造的3D打印技术。首先,需要使用计算机辅助设计软件将设计模型转换为逐层切片的文件格式。然后,这些文件将被发送到打印机,该打印机使用逐层堆叠材料的方式创建三维模型。

层叠制造成型技术可以用于多种材料,包括塑料、金属、陶瓷、食品等。这种技术具有很高的灵活性和可定制性,可以用于制造各种复杂的几何形状,而不需要复杂的工具或模具。

与传统的加工方法相比,层叠制造成型技术的优点包括:

(1)可以生产各种复杂的几何形状,而无须制造昂贵的工具或模具。

(2)生产周期短,因为没有额外的工具或模具制造时间和成本。

(3)可以实现快速的设计迭代和定制化生产。

(4)减少废料和能源浪费。

但是,与传统加工方法相比,层叠制造成型技术也存在一些缺点:

(1)生产速度相对较慢。

(2)需要高精度的控制系统和精细的材料处理,以保证打印出来的模型的质量和性能。

(3)生产成本相对较高,尤其是对于大型或高性能应用。

## 4.3 3D 打印应用于智能制造

### 4.3.1 3D 打印应用于首饰设计与制造

1.3D 打印技术进入珠宝首饰行业

3D 打印技术已悄然进入各种行业,珠宝首饰行业也如此,3D 打印技术越来越多地渗入该行业的制造技术中。3D 打印,作为一种高效的快速原型制造技术,从 20 世纪 90 年代初进入首饰制造业,如今已成为首饰批量生产的重要手段之一。而这一技术的应用并不止于商业化生产,还在艺术设计领域得到了丰富和多样化的演绎,为艺术创作提供了自由发挥的广阔空间。首饰设计师们利用这一技术,通过计算机生成虚拟三维模型,然后打印出相应的实体。这种艺术创作方式,能够将抽象化数据转变为可以佩戴的造型实体。

2.3D 打印技术应用于首饰设计的优势

对于首饰而言,相比材料成本,设计本身的优势更明显,价值更高。定制商品的定价远高于批量生产产品。3D 打印技术的优点在于加快产品研发进度,可根据需求定制,符合珠宝行业的特点。

3D 打印作为一种低成本、操作便利的成型方式,能够帮助设计师轻松设计造型并进行修改,也容易实现小批量制作,或提供私人定制。总之,3D

打印技术大大提高了设计工作效率。另外,设计师不再受传统工艺和制造资源的约束,拓展了产品设计的创新创意空间。

在消费者越来越追求与众不同的今天,首饰设计也越来越趋向个性化、艺术化。很多首饰不仅仅是一件配件,而是代表佩戴者个性、价值观、生活品位的象征物。首饰设计中越来越多地体现了单纯、自由的精神,要求作品不仅要有独立存在感,而且要有趣味性,使其佩戴起来有生命力。所以,设计师要根据顾客的需要制作出形象生动、风格各异的首饰作品。现在通过三维设计软件,可直观地绘制出复杂、生动、流畅的造型,然后通过 3D 打印技术快速制作出来。这是传统手工工艺很难做到的。

3D 打印技术应用在首饰设计过程中,可便于设计师修改。通过观察三维模型和渲染效果图,设计师或消费者可以预见首饰的效果,从而对首饰设计的偏差做出及时的判断和修改。如果通过 3D 打印制作出来进行评价,就使得直观评判成为可能,效果更好。

3.3D 打印技术应用于首饰制造的优势

随着生活水平的提高和社会的进步,人们对个性化饰品的要求越来越高。传统加工方法要么只能加工普通的材料,比如尼龙、聚酯纤维等;要么能加工贵重金属,但因为是"减材制造",不仅浪费材料,而且工艺复杂,成本太高。

3D 打印技术弥补了工匠所不能完成的复杂线条与镂空等"硬伤"。所有的石膏模与蜡模,只需设定好程序由 3D 打印机操作,精准度高,再复杂多变的造型也可以通过计算机的设定打印出来。增材制造技术设备的优势,主要体现在首饰的外形复杂度不再受到限制,完全可以根据消费者的需求进行定制化生产,不仅节约材料,而且节能环保。与传统手工工艺相比,3D 打印产品的细微结构制作更加精良,更具有艺术美感。

传统的首饰加工以人工为主,首饰的精细与完美程度由加工师傅的技艺来决定。而 3D 打印通过软件制作三维模型,连接打印机后按 1：1 的比例输出,极大地提高了首饰的精确度。3D 打印首饰的内径、高度、厚度、侧边圆弧度等要求直接取决于消费者个人的尺寸,使首饰更加符合消费者的个性化要求,更加贴合身体。

此外,传统的首饰制作,设计出的首饰作品一般要先制作模具或样品出来,否则很难估计出其完成效果。而通过三维设计软件加 3D 打印的方法,可以快速制作出各种设计原型来查看效果,进行评审,省去了制作模具和样品的费用。同时,由于工作效率和制作精度的提高,降低了返工率,从而降低了制作成本。

## 4.3.2　3D 打印在医疗、生物领域的应用

1.3D 打印应用于医疗领域的优势

3D 打印技术应用于医疗领域是与现代先进的医疗技术交叉的新技术。3D 打印技术可用于制造人体器官(骨骼、心脏等)和种植体(如关节等)的模型,医生无须通过开刀就可观察病人的器官结构,判断是否有组织病变及病变程度,为其病情诊断和手术方案提供帮助。3D 打印技术应用于体外模型和医疗器械的制造中,成形的人体组织无须植入体内,所用材料也不需要考虑生物相容性等问题,体外医疗模型一般也只考虑所用材料的力学、理化和色彩等性能。目前这类应用较为成熟和普遍,正在为人们的健康服务。

3D 打印在医疗,特别是在打印骨骼方面具有以下优势:

(1)打印骨骼的形状无限制

人体骨骼中形状最怪异的要数寰枢椎,即颈椎第一节和第二节,它根本没有正常的几何形状。寰枢椎位于颅颈交界区,是连接生命中枢的要塞,被视为"手术的禁区",是脊柱骨科手术中风险最高的部位。如果医生要将患者这里的骨肿瘤切除,为了支撑和固定,就需用一个植入体来填充。传统的处理方法是在切除骨骼的部位放入一个钛网,然后从患者身体其他部位取出部分骨头填充进去,再用钢板和钢钉固定住,然后让它慢慢生长。但通过长期临床观察发现,这种填充方法植入的骨骼与周边骨骼融合的时间很长,而且在生长的过程中容易出现金属塌陷等问题。有了 3D 打印技术,医生就可以直接打印出同一形状、体积的植入体,填充到缺损部位,上下用螺钉固定,非常牢固。

(2)融合度高

打印出的植入体带有可供骨头进入的孔隙,它们像海绵一样可以将周

边的骨头吸引进来,使真骨与假骨之间结成牢固的一体,有助于缩短患者的恢复期。

(3)强度与保质期俱佳

打印骨骼在强度和保质期方面都不错。打印骨骼的强度没有问题,几十年的临床实践已证实钛合金植入体可以与人体组织长期和平共处。

(4)速度快

不管是直接制造植入人体的组织,还是制作病体器官的模型,3D 打印制作的速度都较快,一般数小时即可成形。3D 打印制作的人工植入体、组织器官和医疗器具,不但制作形状和尺寸可完全符合人体原结构,制作周期短,而且制作成本也能够被接受。

2.3D 打印应用于生物领域的优势[①]

3D 打印技术从组织工程中骨架的创造等多样的医学实际临床应用,已经延伸到组织或器官的生物细胞打印。在完全个性化需求的生物医学领域,3D 生物打印的优势已完全体现出来了。

3D 生物打印以血管再生为核心,构建具有完整生物学功能的组织器官,实现病变、衰老组织器官的精确修复和替代。3D 生物打印可以满足组织、器官移植的需求,涉及生物科学、细胞生物学、物理学和医学,它对组织工程学、再生医学和医疗科研都将产生革命性的突破。3D 打印技术在生物医学工程领域的主要作用是做活体,即把细胞、生物相容性材料堆积成活体结构,可直接制造出身体某个部位内部的仿生微结构,从外形仿生方面可实现患者缺损填充假体的个性化制造。

3D 打印人造器官可以以自身的成体干细胞经体外诱导分化而来的活细胞为原料,在体外或体内直接打印活体器官或组织,从而将失去功能的器官或组织替换,这在某种程度上解决了移植供体不足的问题。3D 打印人造器官已在器官移植领域获得了一定的成果。

目前,科学家正在探索 3D 打印活体细胞和组织,用来制造出具有完全相同功能的人体器官,为真正的器官移植奠定基础。而 3D 打印技术在其中

---

① 陈森昌,陈曦.3D 打印的后处理及应用[M].武汉:华中科技大学出版社,2017:104.

发挥着独一无二的作用。

## 4.4  3D 打印未来发展趋势

1. 新时代：更大、更快、更经济

3D 打印/增材制造(AM)技术正在快速发展,它们正在变得更大、更快、更经济。为了满足终端部件所需的性能要求,目前 3D 打印行业对特种材料的需求不断增长,这将继续推动材料的使用范围扩大和类型增加。新一代打印机,特别是工业级解决方案的关键是它们具有能够处理更广泛的先进材料的能力,这为企业打开了从 AM 中受益的大门。尽管机器成本仍然很高,但打印速度的提高正在降低零部件的价格。随着越来越多的企业转向 3D 打印,相信成本也会越来越低。随着双重挤压等工艺的发展,3D 打印的多功能性正在增长,我们看到越来越多的行业采用 3D 打印。另一种趋势是在不使用支撑结构的情况下进行打印,这再次扩大了 AM 可以提供的应用范围,无支撑打印节省成本和时间的潜力很大。

2. 提高效益与互操作性

AM 作为一种综合供应链方法,制造商要最大限度地提高效益,不仅需要大量的打印机,还需要材料并与其他行业专业人员建立联系。为了最大限度地发挥 3D 打印的潜力,不同系统之间的互操作性正变得越来越重要。在未来几年,生产和后处理的自动化以及综合可用性将是一个重要的趋势。AM 可以提供一种全新的供应链方法,其中各个步骤需要整合为一个流程,包括概念设计、材料、数字化库存、生产和交付。随着制造商迈向工业 4.0 时代,提供完全自动化且安全的平台将推动这一变化。

3. 制定共同标准与协同作用

从个人伙伴关系到整个工作系统,加强合作可以创造互惠互利和协同效应,最终为客户带来更好的产品。扩大 3D 打印工业生产的主要推动因素就是合作。越来越多的制造商看到了更全面合作的必要性。3D 打印领域必须共同制定标准,打印机和后处理系统应该能够协同工作,收集的生产数据可以改进打印机和材料。密切合作是实现最佳解决方案的关键。目前亟须建立一个连接全球服务提供商、材料生产商和打印厂商的系统,要知道只有密切合作,永久交流,制造商才能为客户提供最好的解决方案。

### 4. 安全和质量保证

对于工业生产,公司必须保证他们的 3D 打印部件满足必要的质量要求。此外,数据所有权具有重要作用,数据管理将是未来一个巨大的关注点。在质量保证方面,需要仔细选择生产合作伙伴,考察他们的能力,并确保可重复的适合用途的部件。当然这远远不够,还需要采取进一步的措施,以确保设计数据掌握在公司的手中。该公司通过加密数据来固定可以执行的制造参数,因此只能按要求的数量和材料生产部件。通过收集制造数据并进行分析,可以快速发现错误,改进工艺,确保满足所有质量要求。

### 5. 创建一个有弹性的供应链

供应链有其脆弱性。3D 打印过去已经被用来解决这些问题,它的使用场景在未来还会不断增加。随着供应链的分散化和消费者所在地附近的按需生产,3D 打印使供应链变得更短、更强大、更具弹性。实物库存是供应链的薄弱环节,零部件可以通过数字方式存放,而不是放在实体仓库中,这消除了存储和运输成本。有了数字仓库,一旦订购了部件,它就可以根据位置、能力和容量自动发送给最合适的生产合作伙伴。零部件可以随时随地生产并提高供应链的弹性。

### 6. 推动可持续发展

3D 可以减少生产过程中的浪费。通过专门设计可使用 3D 打印的部件,可以大幅减轻最终部件的重量,从而减少生产所需的材料。此外,如前所述,当使用 3D 打印作为按需分散的数字仓库的一部分时,它可以减少库存中的部件数量和相关废物,以及运输过程中的 $CO_2$ 排放。展望未来,预计 3D 打印的使用场景将越来越多,这是可持续发展战略的一部分。为了进一步提高技术的可持续性,必须降低生产过程中的能源消耗,我们已经在这一领域看到了巨大的改进。此外,我们将看到可持续 3D 打印材料的不断增加,如回收、可重复使用和可生物降解的塑料。

# 第五章　创客与3D打印技术

## 5.1　创客文化

### 5.1.1　创客由来

"创客"一词来源于英文单词"Maker",是指出于兴趣与爱好,努力把各种创意转变为现实的人。"创"的含义是"创造,首创,开创"。"客"则有"客观、客人"的意思,是指从事某种活动的人。创客的标准定义其实是未经最终确认的,有着多元化的理解,目前所说的创客不仅包含了"硬件再发明"的科技达人,还包括了软件开发者、艺术家、设计师等诸多领域的优秀代表。

2014年,时任美国总统奥巴马把创客提升到打造新一轮国家创新竞争力的高度,并宣布每年6月18日为美国"国家创客日"。有人认为,创客运动是新时代颠覆现实世界的助推器,是一轮具有时代意义的新浪潮。我国创客比较活跃的地区是上海、深圳、北京等城市。深圳专门设立了国际创客周活动,时间在每年6月份,2020年3月10日(美国当地时间),还在纽约时代广场打出了"MAKE WITH SHENZHEN"的巨幅广告,打造创客之城。

图5-1　2019年深圳市开展第五届全国双创周暨国际创客周活动

　　创客最早起源于麻省理工学院(MIT)比特和原子研究中心(CBA)发起的 Fab Lab(个人制造实验室)。发明创造将不只发生在拥有昂贵实验设备的大学或研究机构,也将不仅仅属于少数专业科研人员,而有机会在任何地方由任何人完成,这就是 Fab Lab 的核心理念。Fab Lab 网络的广泛发展带动了个人设计、个人制造的浪潮,创客空间应运而生。随着 MIT 的 Fab Lab 网络的逐渐延伸,创新 2.0 时代的个人设计、个人制造的概念越来越深入人心,激发了全球的创客实践活动。

　　创客空间的延伸则使面向知识社会创新 2.0 的 Fab Lab 探索真正从 MIT 的实验室网络脱胎走向了大众。MIT 的 Neil Gershenfeld 教授指出,前两次数字革命推动了"个人通讯"和"个人计算"的发展,而 Fab Lab 通过让普通人实现制造的梦想,预示着第三次数字化革命浪潮——"个人制造"时代的到来,为普通公众参与创新提供了条件。

　　国内创客空间属于初创阶段,还没有形成有显著特色的、可持续发展的模式。除了个别创客空间属于综合性平台之外,今后创客空间的专业化趋势在所难免。创客空间本身的商业模式和运行模式也是值得探讨和摸索的。

## 5.1.2　创客教育与3D打印

### 1.创客教育概述

　　创客教育是创客文化与教育的结合,是基于学生兴趣,以项目学习的方式,使用数字化工具,倡导造物,鼓励分享,培养跨学科解决问题能力、团队协作能力和创新能力的一种素质教育。创客教育能够培养学生的创造性思维,讨论更多的领域。要提高学生的综合能力,就必须突破传统的应用式教学模式,发展综合性的课程,使每个学生都能在科学、技术、工程学和数学方面做得更好。例如:运用 Excel 电子表格、程序算法设计等课程,通过网站建设、多媒体演示作品制作、小软件开发等,培养学生的工程思维能力。

　　创客教育也称为 STEAM 教育,STEAM 教育是美国政府提出的教育倡议,被誉为美国的"素质教育"。"STEAM"是 5 个单词首字母的缩写:Science(科学)、Technology(技术)、Engineering(工程)、Arts(艺术)、Maths(数学）。它由 20 世纪 80 年代美国为提升国家竞争力、劳动力、创新力而提出的"STEM"教育战略衍生而来,旨在打破学科领域边界,培养学生的科学素养。2011 年,美国弗吉尼亚科技大学学者 Yakman 第一次在研究综合教育时提出将"A"(艺术)纳入进来,这个"A",广义上包括美术、音乐、社会、语言等人文艺术。"STEAM"逐渐发展为包容性更强的跨学科综合素质教育。STEAM 教育越来越受到我国教育界关注。教育部发布《关于"十三五"期间全面深入推进教育信息化工作的指导意见(征求意见稿)》,谈到未来 5 年对教育信息化的规划时,提出学校要探索 STEAM 教育、创客教育等新教育模式。目前,全国已有 600 余所中学引入了 STEAM 教育课程。

美国的创客运动源自前总统奥巴马提出的要创新教育以提升学生STEM(科学、技术、工程、数学)的学习水平。奥巴马在 2009 年的竞选演讲中说道:"我希望我们所有人去思考创新的方法激发年轻人加入到科学和工程中来。无论是科学节日、机器人竞赛还是博览会,鼓励年轻人去创造、构建和发明——去做事物的创建者,而不仅是事物的消费者。"

美国政府在 2012 年初推出了一个新项目,未来四年内将在 1000 所美国中小学校引入"创客空间",配备开源硬件、3D 打印机和编程机器人等数字开发和制造工具。创客教育已经成为美国推动教育改革、培养科技创新人才的重要内容。

一些学校也意识到他们已经失去了激发学生主动学习的办法。他们开始尝试把创客精神带到学校教育中。过去几年内,美国高校中的学术性创客空间和制造类实验室多了起来。而一些 K12 学校也纷纷尝试在图书馆设立创客空间或者改装教室,以适应基于项目和实践的学习。

2. 创客教育与 3D 打印

3D 打印创客课程倡导的是培养孩子的自主创造能力,通过软硬件将想法实现。老师真正的作用在于帮助学生不被单一的学科所束缚,在教学的过程中更好地进行跨学科融合,鼓励孩子通过跨学科的方式来解决问题,有效帮助孩子提升综合能力和跨界思维能力。

现在已经有不少学校开始将 3D 打印课程引入校园创客空间,但仅仅局限于本校内的孩子交流,还是无法发挥创客精神的核心——分享创意、激荡想法,这也是引入互联网 + 在线教育的价值。互联网 + 校园创客空间,就是让孩子们的创意面向更多人群,创建一个平台,让他们去跟更多陌生的爱好者一起交流,开拓他们的眼界。学生完成 3D 打印作品后可以自由分享,与其他 3D 创意爱好者交流,还能通过社区的主题任务不断地给自己提供新的设计灵感,将课堂的学习兴趣延续到课外。

在小学生创客教育进行应用的过程中,3D 打印技术的相关硬件储备很重要,这个硬件储备的基础便是创客空间。这个空间是一个教师与学生共用的平台,参与的小学生在这个平台内进行自主操作,在操作结束后积累经验并进行分享。在创客空间进行建设的过程中,师生应该设立一个清晰的目标,要将学校的情况与创客教育充分结合,创建适合学校长期发展的创客空间。这个空间所需要的设备包括 3D 打印机、打印所需要的材料、含有建模软件的计算机以及相关的一些资料。

随着 3D 设计、3D 打印技术的发展,校园创客空间不再仅仅只是制作机器人,3D 创意和 3D 打印也成为一种开课选择。中小学生可以轻松掌握 3D 设计,孩子们的创意不再局限于平面的绘图,而是能变成有效的 3D 数字模型,被 3D 打印机识别,最终变成实物,这种从概念到实体的创造过程,将极大地激发孩子们对世界的深刻观察力,也丰富了关于"创"与"造"的内涵。3D 打印创意课不只是创意设计,还能结合主流课程,如数理化等的课堂教学,设计各种教具,让孩子们在亲手制作中更深刻地学习该学科的知识。除了课堂学习,3D 设计和 3D 打印的便捷性,还能让孩子们在课外与父母一起组成"家庭创客",不需要复杂的设计,就能自己"创造生活"。

在课程内容的设计上,我们希望孩子能通过数字化工具,其中包括 3D 建模软件、3D 打印设备、3D 打印绘图笔等来培养孩子动手实践的能力,让孩子在发现问题、探索问题、解决问题中将自己的创意变成实物来验证。

构建网络化、数字化、个性化、终身化的教育体系,建设"人人皆学、处处能学、时时可学"的学习型社会,培养大批创新人才。创客教育是培养创新人才的有力方式,因为创客教育本身的形式多样,3D 打印技术可以帮助实现很多的不可能。用一句话来概括就是,3D 打印创客课堂既能够让孩子加深对基础学科知识的理解,又能够培养孩子的创新创造能力,3D 打印创客课堂以项目情景式的教学方式,把孩子的想象变为现实。

## 5.2 DIY 打印机

### 5.2.1 3D 打印与开源网站:RepRap

2017 年,三维打印机原型机 RepRap 的创造者 Adrian Bowyer 被授予 3D 打印行业的杰出贡献奖,并被纳入 3D 打印名人堂。2019 年,Adrian Bowyer 因 RepRap 被英国女王伊丽莎白二世授予不列颠帝国勋章。从功能上看来,它具有一定程度的自我复制能力,能够打印出大部分其自身的(塑料)组件。RepRap 原型机从软件到硬件各种资料都是免费和开源的,都是在自由软件协议 GNU 通用公共许可证 GPL 之下发布的。

到目前为止,所有的 FDM 工艺 3D 打印机,不管是开源设计,还是商业产品,都源自 2005 年 RepRap 项目组织开始的一个开源软件、硬件计划。这个计划,旨在制造一台能够“自复制”的 3D 打印机。

RepRap 最初的设计是为了一个很科幻的目的——不停地复制它自己,还只是部分机械零件。这也是它名字的由来——RepRap 是 Replicating Rap-id-prototyper(快速复制原型)的缩写。它也可以用来制造它自己零件以外的东西,例如门把手、挂衣钩、酒杯等。

RepRap 当前是开源的设计,谁都可以去它的网站下载设计资料,包括电路与机械部分,还有软件的源代码。RepRap 当前能用的版本有 3 个,第一代叫“达尔文(Darwin)”,第二代叫“孟德尔(Mendel)”,第三代是“赫胥黎(Huxley)”。这三个版本都可以在官网下载相关的资料。RepRap 还在不停地更新设计。

从研发者都选择遗传生物学科学家的名字来命名可以看出,RepRap 开源计划,从一开始就是奔着“自复制”这一目标前进的。这也为 RepRap 开源桌面级 3D 打印机博采众长,充分吸收各种良好的设计,进而广泛应用打下了很好的基础。

RepRap 的工作原理(这里用以塑料为原料的 Darwin 来说明)是,把原料加热一层一层抹出一个物体,可能需要后期手工修饰。与传统的平面打印机不同的是,它打印的都是立体的物件而不是平面的,它的打印原料使用的也不是普通的墨汁,而是 ABS 塑料、聚乳酸聚合物、高密度聚乙烯和类似的热聚合物的材料。

作为一个开放源码项目,RepRap 旨在鼓励演化,有许多衍生版本存在,并且它们可由设计师进行自由修改和替换。RepRap 3D 打印机的热塑性挤出机一般安装在一个由计算机控制的笛卡尔坐标的 XYZ 平台上。该平台由钢杆和打印出的塑料连接部件建造。三个轴都由步进电机所驱动,在 X 轴和 Y 轴是通过一个正时传送带(timing belt)驱动,在 Z 轴是通过丝杠(lead-screw)驱动。

它的核心部件是热塑性塑料挤出机。早期的 RepRap 挤出机采用齿轮传动直流电动机驱动的螺丝紧紧地压塑料丝原料,迫使它经过加热熔化室,通过一个狭窄的挤压喷嘴。然而,由于其巨大的惯性,直流电动机不能快速启动或停止,因此难以精确控制。最新的挤出机使用步进电机(有时齿轮的)驱动熔丝,在样条轴或凸边轴和滚珠轴承之间夹丝。

RepRap 的电子产品基于流行的开放源码的 Arduino 平台与其他用于控制步进电机的板卡。当前版本的电子产品使用的是 Arduino 衍生的 Sanguino 主板和一个另外自主定义的 Arduino 挤出机控制器电路板。这种架构可以扩展额外的挤出机,每个挤出机可用自己的控制器。

RepRap 已被视为一个完整的复制系统,而不是简单的一个硬件。该系统包括计算机辅助设计(CAD)形式的 3D 建模系统、计算机辅助制造(CAM)软件和驱动程序,把 RepRap 用户的设计转换成一组指令,通过 RepRap 的硬件,将指令转变成了物理物体。几乎任何 CAD 或 3D 建模软件都可以用于 RepRap,只要它能够生成 STL 文件。内容创建者可以使用他们熟悉的任何工具,不管是商业的 CAD 软件,例如 SolidWorks,或是开源的 3D 建模软件,例如 Blender 或 OpenSCAD 等。

RepRap 自我复制的性质有利于它像病毒一般地传播,也有利于主要生产模式的转变。一个工厂设计、生产、制造的具有专利的消费产品,很可能变成个人非专利产品的生产与制造。开放的个人产品的设计和制造,大大降低了生产周期,能够支持更大的产品多样性,可支持非工厂生产的规模。

RepRap 的程序还在每根梁的两端自动生成安装单元,使梁可以用螺栓固定在彼此或其他物体上。较大的孔是为了让电线、管子和驱动轴等部件沿着梁的中心运行,而较小的孔则允许在大孔周围有角度的增量。

### 5.2.2　国内 3D 打印机的发展

国内 3D 打印机市场由萌芽阶段快速增长。中国快速成型制造设备制造商目前已有 100 多家。

1. 创想三维

凭借 Ender 系列 3D 打印机,创想三维成为全球入门级长丝挤出系统技术零线的制造商。创想三维科技股份有限公司成立于 2014 年,从一个四人车间迅速发展到 550 多名员工。除了挤出系统,公司还销售 DLP/SLA 光固化打印机、3D 扫描仪、3D 查看器和 3D 打印线材。2021 年,创想三维启动了雄心勃勃的 3D Print Mill(CR-30)项目,这是一款无限 Z 轴 3D 打印机。

2. 纵维立方

纵维立方总部位于深圳,成立于 2015 年,其团队现已拥有 300 多名员工。纵维立方已推出多款多世代覆盖包括 FDM、LCD、FFF 等技术领域的 3D 打印机设备。纵维立方推出的 Mega 系列、Photon 系列已成为一代经典。Photon LED 立体光刻系列树脂 3D 打印机的质量都非常好,真正让每个人都可以使用高分辨率打印。该公司还涉足更先进的 DLP 领域,最近推出了纵维立方 Photon Ultra。

3. 闪铸三维

浙江闪铸三维科技有限公司成立于 2012 年。公司全系列产品通过 CE、FCC、RoSH 等多项国际质量及环保认证,部分产品通过 UL 认证,主要以 FDM、DLP、MJP 三大增材制造技术类型为主。闪铸致力于打造国内 3D 打印设备顶尖的技术中心,建有浙江闪铸 3D 打印设备高新技术研究开发中心,为省级高新技术研究开发中心。

4. 太尔时代

北京太尔时代科技有限公司成立于 2003 年,由郭戈与几位同学一同创立于清华大学。它是最早瞄准西方市场并取得成功的中国 3D 打印公司之一。经过多年的持续努力,太尔时代目前已经成为快速成型设备制造领域的龙头企业,产品覆盖国内 26 个省/市区域,并远销欧洲、中亚,产品销售量和市场占有率均处于行业领先地位。

5. 远铸智能

上海远铸智能是一家面向消费品、医疗、航空航天等行业的工业 3D 打印机制造商,由来自海内外的高科技公司从事多年精密设备开发、高性能材料研究的工程师团队联合创建。公司总部位于上海,当前已建立了覆盖全球的完整营销和售后服务体系,在德国、美国设有欧洲、美洲营销与 3D 打印技术服务中心,可以提供更加贴近客户的本地化服务。

6. 铂力特

西安铂力特增材技术股份有限公司成立于 2011 年 7 月,是中国领先的金属增材制造技术全套解决方案提供商。铂力特的业务范围涵盖金属 3D 打印设备、定制化产品、工艺技术服务、金属 3D 打印材料等,构建了较为完整的金属 3D 打印产业生态链。公司成立以来,铂力特人一直秉承"让制造更简单,世界更美好"的企业使命,运用多年金属增材制造技术的专业经验,通过持续创新为航空、航天、能源动力、轨道交通、电子、汽车、医疗齿科及模具等行业用户创造价值。

7. 华曙高科

湖南华曙高科技股份有限公司由著名 3D 打印科学家许小曙博士于 2009 年 10 月在湖南长沙成立。公司拥有国家发改委批复的增材制造领域工程研究中心——高分子复杂结构增材制造国家工程研究中心,公司"工业级 3D 打印系统"成为工信部首批智能制造试点示范项目,是国家级专精特新"小巨人"企业、全国增材制造标准化技术委员会委员单位。公司在北美、欧洲设立了全资子公司,自研增材制造装备与材料销往全球 30 余个国家和地区,在航空航天、精准医疗、汽车产业、精密机械、精细化模具以及尖端教育科研和消费品等领域,均实现了广泛的应用,是全球集装备研发制造、材料研发生产、控制系统、软件、技术服务支持为一体的增材制造企业。

8. 易加三维

北京易加三维科技有限公司成立于 2014 年,致力于研发和生产工业级 3D 打印(增材制造)系统与应用技术,以 MPBF™金属 3D 打印技术为核心,为航空航天、高性能工业制造、模具制造、精准医疗等领域提供专业的增材制造应用解决方案。企业平均每年投入上千万元用于新产品的研发,目前在金属粉末床熔化(MPBF™)、选择性粉末床烧结(PPBF™)两种设备的设计、装备、工艺、软件、材料及后处理等方面拥有丰硕的成果,同时 3D 打印设备远销欧美、日韩、东南亚。

9. 未来工场

深圳市未来工场科技有限公司是国内专注供应链的互联网制造服务提供商,为中小企业提供便捷、快速响应的柔性供应链,能够满足航空、航天等高标准要求。未来工场始终以创新者的姿态持续推进传统制造业的互联网化。从最早的 3D 打印在线服务起步,未来工场开发了 3D 文件自动检测、三维设计自动修复、CNC 加工智能评估等技术,提高了用户体验和供应链效率。

10. 中瑞科技

中瑞科技是专业致力于工业级 3D 打印设备、3D 打印软件、3D 打印材料的研发、生产、销售和技术服务的国家高新技术企业,生产和销售聚合物和金属 PBF 系统。中瑞科技开发了两种专有技术,用于处理包括陶瓷在内的各种材料。第一种称为 AMC(陶瓷增材制造),实际上是对其 SLA 处理陶瓷浆料材料的能力的改善,其方法类似于该领域的法国全球领导者 3DCeram。第二种称为 FMS,实际上是 L-PBF 和结合材料技术的混合体。实施该技术的 iFMS 400 系统通过使用激光烧结涂有聚合物黏合剂材料的陶瓷和金属粉末来工作,所得到的生坯部件随后在熔炉中烧结,就像在其他结合材料工艺中一样。

11. 华科三维科技

武汉华科三维科技有限公司是以华中科技大学快速制造中心国家重点实验室为技术依托,由华中科技大学产业集团、华中数控、华工投资、合旭控股及华中科大快速成型技术团队等共同出资组建的一家高科技股份制企业,注册资本达 6000 万美元,是中部地区最大的增材制造企业。公司拥有一批在国内外享有盛誉的专业 3D 科研人员,获发明专利 30 多项,成果广泛用于我国新产品的创新研发和传统产业的转型升级。

12. 清锋科技

清锋科技有限公司起源于中国,现在扎根于加利福尼亚。该公司开发了 LEAP 技术,以简化数字光处理、DLP,并实现高打印速度和生产部件性能,使定制化批量生产成为可能。它提供完全集成的解决方案——连接云的 3D 打印机、支持人工智能的打印软件和先进材料,改变了企业在消费、医疗、牙科和工业行业设计和制造产品的方式。

13. 联泰科技

联泰科技成立于 2000 年,是中国较早参与 3D 打印技术应用实践的企业之一,见证了中国 3D 打印技术的整体发展进程,目前产业规模位居行业前列,在 3D 打印领域具有广泛的行业影响力和品牌知名度。联泰科技定位于以三维数字化制造技术为基础,通过 3D 打印技术创造用户价值和提升用户体验,致力于为多行业用户在"分布式制造"和"规模化定制"之间构建连接,不断融合、创造、演进全新商业模式,对 3D 打印行业、制造业乃至人们的生活方式带来变革。

14. 金石三维

金石三维是深圳市金石三维打印科技有限公司旗下品牌,致力于 3D 打印技术的研发、应用和创新,产品线覆盖 SLA、SLS、SLM、DLP、FGF 等领域,市场应用涵盖手板模型、鞋业、雕塑、医疗、齿科、汽车、陶瓷、机械设备、建筑等行业。该公司开发了一种独特的专有技术并开发了专门的软件,以帮助鞋类设计师更快、更经济地创造新产品。

15. 易制科技

武汉易制科技有限公司是一家专注于黏合剂喷射 3D 打印技术的高新技术企业,开展面向批量化生产的 3D 打印技术研发及推广,提供成套综合解决方案。公司以华中科技大学快速制造中心为技术依托,为工信部"中国增材制造(3D 打印)产业推进工程"战略合作伙伴。公司主要产品为高速生产性"粘结剂喷射金属 3D 打印系统"、面向铸造行业的"砂型 3D 打印机"和"全彩色 3D 打印机"。核心产品"粘结剂喷射金属 3D 打印系统"在国内率先开始应用,该技术方向曾被《麻省理工科技评论》评为 2018 全球十大突破性技术,认为该技术"可以快速、低成本地制造大型金属模型,可能会给制造业带来颠覆性改变"。

16. 盈创

盈创建筑科技(上海)有限公司是混凝土 3D 打印的巨头和先驱,一直主导着建筑 3D 打印全球市场。公司成立于 2003 年,目前拥有 325 项国家专利,是全球较早真正实现 3D 打印建筑的高新技术企业。多年来,盈创为其 3D 打印技术开发了一系列新材料,包括 GRG(玻璃纤维增强混凝土)、SRC(特殊玻璃纤维增强混凝土)等。

## 5.3  3D 打印与少儿编程教育

### 5.3.1  3D 打印创意少儿编程软件一:LogoUp

LogoUp 是一款采用积木式编程理念,通过书写程序,来构建三维模型的三维创新设计平台。它适用于快速构造面向 3D 打印的复杂结构、自由形体和创意作品,其深入浅出的设计理念可覆盖从五岁儿童至专业技术人员的多层次用户,因此也适宜于作为教育教学软件用于程序设计、三维建模和创造力的培养。与 Snap 语言相同,LogoUp 是一种与自然语言非常接近的编程语言,它通过"绘图"的方式来学习编程,图形给予了编程直观体验和设计目标,适合于对初学者特别是儿童进行寓教于乐的编程教学。

LOGO 语言始创于 1968 年,在麻省理工学院的人工智能研究室完成。单词源自希腊文,本义为思想,是由一名叫佩伯特的心理学家在从事儿童学习的研究中,偶然看到一个像海龟的机械装置触发灵感而设计的语言。其广泛应用于包括中国、美国在内的全球程序设计教育。LogoUp 采用从 20 世纪 70 年代开始风靡全球教育界的 LOGO 语言"海龟绘图"的思想精髓,利用命令控制"小海龟"的移动,实现图形的绘制。LogoUp 将 LOGO 语言由二维拓展到三维空间,引入现代语法和积木式设计,实现专门面向 3D 打印的复杂结构和自由曲面的设计,让 LOGO 语言在新时代焕发青春。

图 5 - 2 LogoUp 语言

LogoUp 语言目前(1.0 版本)支持的语法和功能特性包括:

(1)函数作为变量类型可进行传递,闭包特性支持(现代语言)。

(2)支持三维空间造型,通过拉伸、扫描、回转、布尔运算等灵活方式建模。

(3)支持递归调用,可实现分形图案和复杂结构的绘制。

(4)完整支持积木式程序设计,用户可将命令积木拖拽构成程序。

(5)支持变量、表达式、判断(IF)、循环(REPEAT)和函数(FUNC)。

在模型的表达上,LogoUp 的草图设计支持完整的参数化建模,可以构造与普通造型软件相同的平面图形;其空间建模可以实现拉伸、扫描、回转、倒角等造型特征,与普通造型软件在造型能力上等价。由于其具有丰富的变换和草图绘制方法,比基于 CSG(体素构造表示)的模型表达能力强。

在计算机技术、互联网技术和物联网技术飞速发展的今天,中国的教育改革拥有着从未有过的历史契机,特别是未来青少年培养目标的逐步转变,也切实推动着中国课堂发生转变。扩展学科疆域,通过对学科素养的综合应用解决实际问题,鼓励学生动手设计实验寻求答案,提倡团队合作和综合性发展,正成为教育的主流方向。不论是 STEAM 教育还是传统学科的教育,基础设施都是学校和家庭教育的保障。目前,机器人、3D 打印、电子工艺、无人机等多元化的硬件项目已经开始进入学校,各类软件平台(如程序设计软件、办公自动化软件、设计绘图软件等)共同构成了先进教育的支撑体系。它们不但为 STEAM 教育服务,更成为一种与课程教学整合的具体手段,以润物细无声的方式,逐渐成为主流。

然而,我们仍然能注意到,各类基础设施在学校的应用相对分散,平台和体系化不强,导致实际操作中出现了很多的难题。例如,软件和硬件平台多且分散,来源于不同的供应商,并采用不同的技术路线和思路,导致学生为了学习单个理论或思路不得不学习各种不同的应用技术,而冲淡了对能力和理念的培养。正是基于这类问题,我们需要将 STEAM 教育和传统教育中的三大板块融合在一种语言和一个软件平台下,让学生在学习编程理念的同时,掌握三维建模和产品设计的基本思路;让学生在学习绘图的过程中,以生动、形象的方式理解编程的核心思想;同时通过动手实践为 3D 打印加工手段提供支撑。

在具体的教学实践中,我们也注意到入手的简单性、可传承性以及对学科和行业的深入了解也是十分重要的。LogoUp 沿袭了曾经风靡全球的 LO-GO 语言的基本语法,运用当前流行的类似于 Scratch 的积木设计方式,让 5 岁以上的学生能够快速掌握其精髓。与 LOGO 和 Scratch 不同的是,LogoUp 不再局限于平面,而是放眼于三维建模和产品设计。尽管上手简单,但随着学习内容的不断深入,可以覆盖从小学到中学乃至大学的知识内容,这种由浅入深的学习过程,适合于青少年的学习。因此,通过多年在高校的教学实践和身边大量教师在中小学的数字实践,我们认为 LogoUp 非常适合作为一门语言和设计平台,结合程序设计、3D 打印、产品设计等课程在面向青少年的学校教育和家庭教育中进行推广。

采用 LogoUp 构造出的三维几何形状不但先天满足 3D 打印所需的流形、封闭等要求(Maya、3DS 等电影工业建模软件往往不符合),相比传统的建模方式,程序式建模更容易构造复杂的、自由的、参数化的且封闭的实体结构。

下面的几类形体都特别适合 LogoUp 建模:具有艺术设计感和流线曲面的形体;要求具有封闭、流形(3D 打印)的形体;需要进行参数化设计的形体(变量控制整个形体变化);具有重复结构和复杂内部结构的形体;传统造型方法难以构造的形体;具有分形结构的形体。

LogoUp 软件操作界面包括工具栏、三维图形区、设计区域 3 个部分,其中设计区域又包括模块区域、积木设计区、代码设计区。如图 5 - 3 所示。

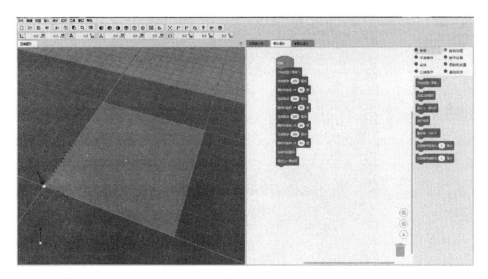

图 5 - 3

LogoUp 的研发团队由中国计算机辅助设计的开创者、中国工程院院士孙家广教授领衔,其诞生既沿袭了麻省理工学院的优秀科研成果与其覆盖全球的程序教学实践,同时也源自清华大学计算机辅助设计、图形学与可视化研究所卓越的教学和科研团队的丰硕研究成果,代表着国际先进的 STEAM 理念、计算机辅助设计技术和强大的纵深衍生能力。

Neobox® LogoUp 3D 是一款采用积木式编程理念,通过书写程序来构建三维模型的三维建模软件。它适用于快速构造面向 3D 打印的复杂结构和自由形体,语法深入浅出,适合从 5 岁儿童至专业技术人员的多层次用户,尤其适宜作为教育教学软件,用于程序设计、三维建模的学习和创造力的培养。下面我们通过一个设计多彩莫比乌斯圈(见图 5 - 4)的简短案例,大致了解如何使用 Neobox® LogoUp 3D 进行建模。

安装并启动 Neobox® LogoUp 3D 后,程序界面将分为左右两个部分。左侧是当前设计的形状预览,右侧是当前设计对应的程序。对于初学者而言,程序设计就是从模块区域中将命令和语句拖到积木设计区的"开始"命令之后,如图 5 - 5 所示。这样系统就能根据给定的顺序一行一行地执行,进而绘制出我们想要的图形。这些命令中,有的可以完成平面上草图的绘制,有的能将草图在空间中以不同的姿态扫掠、回转或者拉伸出形体,有的还可以改变形体的表面颜色。

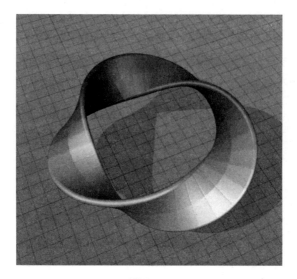

图 5-4

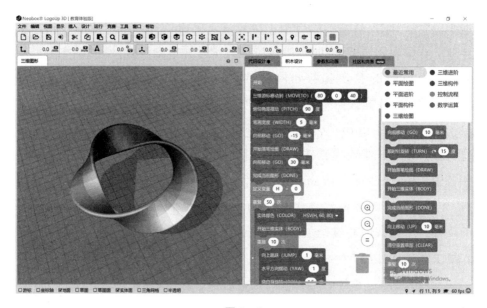

图 5-5

在上面这个例子里,积木模式还可以对应文本书写的程序。当读者熟悉了积木模式以后,如果需要书写更大规模的程序,或者想要更高效率地书写程序,可以直接切换到"代码设计界面",如图 5-6 所示。

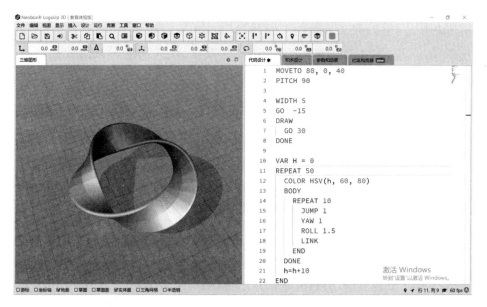

**图 5 - 6**

代码设计与积木设计一一对应,每一行都是一个命令或者语句,系统一句一句地执行,然后绘制出形状。软件允许用户在"代码设计"和"积木设计"之间切换。在这个例子的代码设计中,代码分成两个部分:第一部分用MOVETO(移动草图)和 PITCH(设置草图仰角)两条命令将草图挪动到起始位置,然后用 DRAW、GO 等语句绘制出一条宽度为 5 mm 的直线;第二部分通过两层嵌套的循环语句,将这个草图在三维空间中扫掠出莫比乌斯圈的形状,扫掠的过程中这个草图在空间中的位置、姿态和颜色不断地发生改变。

程序设计的方法能够帮助三维建模系统更定制化和更灵活地实现三维建模,这样的方式更适合发挥 3D 打印的优势,创造出结构复杂、拥有自由曲面和具有功能性的参数化设计。三维建模的图形化模式,所见即所得,为程序设计的学习提供了载体和目标,通过图形建模和 3D 打印创意设计驱动的程序设计,目的性更强,项目驱动更明确,更符合 STEAM 教育的本质。

## 5.3.2　3D 打印创意少儿编程软件二:3D One

3D One 是一款针对青少年开发的三维创意设计软件。它以极简操作广泛地被师生接受,易于学生的学习和使用。这是一款采用"互联网＋"理念的产品,学生、教师可以随时上传作品、教程等,以供"社区"其他成员查看。同时,这款软件还有"点赞、收藏、评价"等功能,使学生在"社区"里能够自由交流、互动。三维图制作完成之后,学生可以直接在软件中连接 3D 打印机选择打印,方便、快捷。

目前,3D One 软件提供了家庭版、教育版、Plus 版、Cut 版、Mini 版。家庭版是免费的,适合大众或个人使用。其涵盖了 3D 创意设计所需的基本功能,可边观看边学功能,但不能编辑,也不能用于教学。教育版是收费的,适合各类培训机构教学、商业应用,除了包含家庭版的功能外,还加入了内嵌社区学习资源,新增边学边用的编辑功能、STL 自动补面功能、材质库功能等。Plus 版是 3D One 的进阶版,增加了模型历史重编辑、数字雕刻、DIY 3D 场景等功能,提升了创客们的绘制体验。Cut 版可以实现二维、三维的任意转化,也可以实现智能拼插、堆叠、自动排料等功能,丰富了二维、三维资料库。Mini 版则适合低学龄儿童使用,具有堆叠、涂鸦、拼图等功能,"傻瓜"式操作使低年级学生更易学习、使用。目前 3D One 软件仅支持 iOS 系统使用。

### 5.3.3 国内外 3D 打印相关少儿编程软件及咨讯

1. 国外 3D 打印相关少儿编程软件

（1）Scratch

Scratch 是由麻省理工学院媒体实验室终身幼儿园小组开发的一个免费项目,主要是为 8 至 16 岁年龄的孩子设计的,但各个年龄段的人群都可以使用 Scratch 进行创作和分享。年幼一点的孩子可以试试 ScratchJr,这是为 5 至 7 岁孩子设计的简化版的 Scratch。它的编程过程是通过搭建积木的方式完成编程,可以使儿童或者成人编程初学者学习编程基础概念。通过学习 Scratch,学生们能扩展语文、数学、外语的学习深度。

使用 Scratch 可以很容易地编写互动性故事、动画、游戏等,同时可以将自己的创意分享给别人。学习者在学习 Scratch 的同时,也间接培养了自己的逻辑推理、创意思考和协同合作的能力。

Scratch 因为简单以及趣味性很强,所以深受孩子们的喜爱,目前已经是世界上最流行的儿童编程语言。

（2）Codecademy

Codecademy 是一个在线教育平台,为任何想学习代码的人提供服务。Codecademy 拥有一支由编程专家和计算机工程师组成的团队,致力于为用户创造最佳质量的内容和教程。在 Codecademy,用户可以学习制作网站,学习 Rails、命令行、SQL 或任何编程语言,包括 HTML、CSS、jQuery、Phython、Java、PHP、Ruby 等。

Codecademy 有一个目标——以互动学习的形式独特地传授教育。它于2011 年由哥伦比亚大学的学生创办,以最互动的方式提供 12 种编程语言的编码帮助。它提供付费计划,用于个性化的学习计划、测试、项目以及与支持人员的现场互动。它现在在全球拥有约 2500 万用户。Codecademy 有精心设计的课程,提供 12 种主要的编程语言,如 Java、CSS、Python、PHP、Ruby等。这些课程大多是免费提供的。额外的福利和个性化的学习环境需要 15美元/月的专业计划。该计划旨在为自我调节的学习过程提供技能点和徽章。每一个课程中都带有问候语和专门的学习时间表。这可以在付费计划中进一步定制。付费计划包括个人测验、建立投资组合项目、个性化数据库、高级支持等等。从详尽的介绍到每个主题的详细深入,Codecademy 是杰出的在线编码学习计划之一。他们的 IDE(集成开发环境)界面是相当有效的,甚至对用户的要求提供帮助。它使用户能够与他人竞争和交流,以便更好地理解。资源页面包含了公式、规则、语言词汇和其他常见问题解答。众所周知,与 TreeHouse、SitePoint 等替代品相比,它的这些课程有更好的方法。该应用程序也可在移动平台上随时访问这些课程。它甚至有 Git(分布式版本控制系统)和命令行界面(CLI)的基本课程。总的来说,对于任何想学习编码的人来说,Codecademy 是最好的在线学习课程之一,独特的环境和学习路径将给你带来不同的体验。它的免费服务和付费服务都获得了许多奖项。

2. 国内 3D 打印相关学习资讯

(1)3D 打印微信公众号:3D 打印科技、AMLetters

这两个公众号都是围绕 3D 打印相关知识在微信文章中进行科普推广

的,感兴趣的朋友可以搜索了解一下。

(2)国内 3D 打印少儿编程软件:帕拉卡(Paracraft)

帕拉卡 3D 动画编程软件是深圳市帕拉卡科技有限公司历经 16 年自主研发的国内首款 3D 动画编程创作工具,适合 7—18 岁中小学生教学使用。帕拉卡是国内首个集 3D 建模、3D 动画、编程、3D 打印、CAD、机器人仿真设计于一体的学习创作工具,功能丰富、趣味性强,让师生教学爱不释手,有效提升了教师和学生编程学习的兴趣。此工具不仅包含了图形化编程功能,还有代码编程功能,图形化编程和代码编程之间可以一键切换,学生入门和进阶过渡学习都非常方便。帕拉卡是一款免费开源的 3D 动画与编程创作软件,学生可以使用它学习图形化和文本代码编程,制作 3D 电影动画,学习和编写计算机应用程序,通过编程进行 CAD 建模,连接 3D 打印机打印设计的实物,开展机器人仿真设计实验,等等。使用帕拉卡软件工具里面独家研发的电影方块功能,中小学生可以非常简单便捷地创作 3D 电影动画,学生通过使用电影方块来制作从简单到复杂的 3D 角色动画。在电影方块中,学生可以通过先后扮演导演、摄影师、演员来制作一个电影片段,通过电影动画去表达自己,通过 3D 动画的制作形式输出自己学习的知识。

(3)3D 打印学习交流平台

3D 打印吧:https://tieba.baidu.com/f? kw = 3d% E6% 89% 93% E5% 8D% B0&ie = utf − 8

南极熊 3D 打印:Nanjixiong.com

3D 打印资源库:3dzyk.cn/

3D 打印网:3ddayin.net/

3D 科学谷:51shape.com/? cat = 72

3D 打印世界:I3dpworld.com/

## 5.4 3D 打印少儿编程教学素材与案例

《义务教育信息科技课程标准(2022 年版)》对 5—6 年级学生学业质量描述如下:在典型的信息科技应用场景中,能识别系统中的输入、计算、输出环节,发现大的系统可以由小的系统组成(信息意识、计算思维);尝试采用不同方法解决同一问题,能用自然语言、流程图等方式,基于算法的顺序、分支和循环三种基本控制结构,正确进行问题求解的算法描述(数字化学习与创新、计算思维);能针对不同的输入数据规模,分析解决同一问题的不同算法在时间效率上的高低,并能利用编程对设计的算法及过程与控制实验系统进行验证,对算法价值和局限性有一定的认识(信息意识、计算思维、信息社会责任);对于生活中的过程与控制场景,能分辨输入与输出环节中的数据是开关量还是连续量,利用反馈实现过程与控制(信息意识、计算思维);了解自主可控的系统在解决安全问题时的重要性,初步具备知识产权保护和应用的安全意识(信息意识、信息社会责任)。

3D 打印少儿编程不但完全满足以上要求,而且能够提高学生编程兴趣和培养学生三维空间思维能力。

## 5.4.1 3D 打印少儿编程相关教学素材

【素材 1】

少儿编程在信息技术中的应用实践属于起步阶段,教师要合理安排课程,重视一些基础知识的传授,同时,教学理念也要紧紧跟随改革的步伐,使少儿编程有自身的特色。小学六年级的编程方向多围绕"趣味性"展开,Kitten 和 mBlock 是常用的编程软件。Kitten 软件的功能多样,操作简单,受到很多学生们的认可与喜爱。以 Kitten 为例,它里面有很多素材,学生就像搭积木一样写代码,学习的过程就像在玩游戏。例如,通过"物理盒子"可以模拟一些自由落体、反弹、跳跃等物理状态,当学生开发"愤怒的小鸟"游戏时就会用到。此外,教师还可以让学生将学到的"加减乘除"运算,应用到经常玩的"植物大战僵尸"游戏中,当输入计算结果后植物就会发送子弹射击"僵尸"。Kitten 软件还可以添加一些常用的音乐、图片和视频,学生在开发的时候都可以合理应用,使自己的项目更加丰富生动。学生在完成该项目后,还可以通过一键分享让更多人看到自己的作品。

【素材 2】

目前社会发展迅速,少儿编程已经不再局限于枯燥的编程教学,它与

3D 打印相结合,意在通过 3D 打印机与程序编码创造出具体存在的事物。"制作自己的飞行器"这个项目旨在教学生使用 3D 打印机和编程技能制作自己的飞行器。首先,可以让学生使用 3D 建模软件设计他们飞行器的各个部分,例如机翼、尾翼和机身等飞机零件。然后,可以使用 3D 打印机将这些部件打印出来,并使用螺钉或其他固定件将它们组装在一起。最后,可以使用编程语言如 Python 或 Scratch 来编写飞行器的控制代码,例如让飞行器在空中保持平衡、向上飞行或旋转。学生在这个项目中,不仅可以学习到 3D 打印与编程相关的知识,还能在学习中进行实践,真正做到乐学合一。

**【素材 3】**

"制作自己的城市模型"这个项目旨在教孩子们如何使用 3D 打印机和编程技能制作自己的城市模型。首先,可以让孩子们使用 3D 建模软件设计他们的城市模型中的建筑、街道、桥梁和其他景观元素。然后,可以使用 3D 打印机将这些部件打印出来,并使用螺钉或其他固定件将它们组装在一起。最后,可以使用编程语言如 Python 或 Scratch 来编写城市模型的控制代码,例如让孩子们创建一个虚拟世界,让城市模型中的车辆、行人和动物在其中运动和交互。此外,还可以加入真实世界的信息,例如天气和时间变化,来增强孩子们的学习体验。

### 5.4.2　基于少儿编程的中小学信息技术教学案例

**【案例一:3D 打印技术入门教学】**

一、教学目标

1. 了解 3D 打印技术的基本原理和应用场景。

2. 学习使用 3D 建模软件进行建模,学习 3D 打印的基本操作。

3. 培养学生的信息意识和计算思维。

二、教学内容

1. 3D 打印技术的基本原理和应用场景。

2. 3D 建模软件的使用方法。

3. 3D 打印的基本操作和技巧。

三、教学步骤

1.介绍 3D 打印技术的基本原理和应用场景。可以通过视频、图片、案例等方式让学生了解 3D 打印的原理和在生活中的应用,引起学生的兴趣。

2.学习 3D 建模软件的使用方法。可以让学生在电脑上安装 3D 建模软件,并通过教师的讲解、实操演示等方式学习软件的基本操作,如新建模型、选择模型、移动模型、缩放模型、旋转模型等。

3.进行 3D 建模实践。可以让学生根据自己的兴趣和想法进行 3D 建模实践,如建立一个立方体、球体、车模等。

4.学习 3D 打印的基本操作和技巧。可以让学生学习 3D 打印的基本操作和技巧,如选择 3D 打印机、设置 3D 打印机参数、调整 3D 打印机温度、选择 3D 打印材料、调整 3D 打印速度等。

5.进行 3D 打印实践。可以让学生将自己设计的 3D 模型进行打印,并观察和检查打印结果。如果打印失败,可以让学生找出问题并重新调整打印机参数进行打印。

6.学习基础编程知识。教师引导学生学习编程语言的基本概念、变量、流程控制等知识。

7.编写 3D 打印的控制程序。指导学生使用编程语言编写 3D 打印机的控制程序,实现对打印机的控制,如设置打印速度、打印温度等。

8.进行 3D 打印编程实践。指导学生编写控制程序,对自己设计的 3D 模型进行打印,并观察和检查打印结果。如果打印失败,可以让学生找出问题并重新思考解决办法,再次进行实践。

四、教学评价

(一)教学目标回顾

在本次教学中,我们的教学目标主要包括了以下几个方面:

1.了解 3D 打印技术的基本原理和应用场景。

2.学习使用 3D 建模软件进行建模,学习 3D 打印的基本操作。

3.培养学生的信息意识和计算思维。

(二)教学效果分析

1.教学目标达成情况

在本次教学中,学生们通过观看视频、图片、案例等多种形式了解了 3D 打印技术的基本原理和应用场景。在学习 3D 建模软件的使用方法、3D 打印的基本操作和技巧、基础编程知识和编写 3D 打印的控制程序时,教师进行了详细的讲解和实操演示,并让学生进行了实践操作。在进行 3D 打印编程实践时,学生们成功编写了控制程序,并对自己设计的 3D 模型进行了打印。

2. 教学方法与手段分析

在本次教学中,教师采用了多种教学方法和手段,如讲解、实操演示、实践操作、编程实践等。教师通过采用数字化学习并结合这些教学方法,使得学生能够充分地参与到教学中来,增强了他们的学习兴趣、积极性和信息意识,同时也提高了学生的动手能力和计算思维。

3. 教学流程设计分析

在本次教学中,教师将教学内容划分为多个步骤,并通过教师的讲解、实操演示等方式让学生逐步掌握了 3D 打印技术的基本原理和应用场景、3D 建模软件的使用方法、3D 打印的基本操作和技巧、基础编程知识等内容。同时,教师也注重了实践操作和编程实践,让学生能够将所学知识应用到实际操作中去。

4. 学生表现分析

在本次教学中,学生们表现积极,能够认真听讲,对编程方面不懂的问题能够及时向老师提问,教学任务大致完成。

五、教学扩展

1. 指导学生进行更加复杂的 3D 建模和打印,如设计一个小型机器人、飞机模型等。

2. 教师可以组织学生多参加 3D 打印的相关比赛,并展示和评选最佳作品。

3. 教师可以引导学生了解 3D 打印行业的发展和应用前景,为学生的未来规划提供启发。

**【案例二:"小车避障"项目教学案例】**

一、项目简介

教师将通过"小车避障"来向学生展示 LogoUp 编程语言的综合运用。在这个项目中,学生将使用 LogoUp 编程语言来控制一辆小车避免障碍物。学生需要了解小车的传感器和电机如何工作,以及知道如何使用 LogoUp 编程语言来控制它们。

二、教学目标

学生将学会设计和编写简单的程序,并掌握一些基本的编程概念,例如条件语句、循环语句和传感器控制,从而提升学生的计算思维和逻辑思维,并通过实践产生个人信息社会责任,达到信息素养的核心要求。

三、教学材料准备

小车、避障传感器、电机驱动模块、电池、计算机(装有 LogoUp 编程软件)。

四、教学过程

1.教师将指导学生如何连接传感器和电机到小车上,并将它们连接到电池和计算机上。

2.教师通过讲解传感器如何工作、如何检测到障碍物并将这些信息传输给电脑,向学生详细讲述整个运行过程。

3.通过 LogoUp 编程软件,教师将教会学生如何使用条件语句来控制小车的移动。例如:如果传感器检测到障碍物,则小车需要停止运动。

4.留给学生一些时间来尝试编写自己的程序,并让他们测试它们是否有效。

5.引导学生思考如何进一步改进程序。例如,如果学生想要让小车绕过障碍物而不是停下来,他们可能需要使用循环语句来控制小车的移动方向。

6.采取合作探究的教学方法,学生可以在小组中一起工作,互相交流并分享编程经验。

7.成果展示。最后,学生可以展示他们编写的程序,并向其他学生提供反馈和建议。

五、教学反思

通过这个项目,学生将学会使用 Scratch 编程语言和传感器控制电机,以及在编写程序的过程中运用基本的编程概念,他们在教与学的过程中能够逐步提升个人的计算思维,增强信息意识。此外,通过小组合作和展示,学生可以学习到如何与他人合作和交流,提高学生的情感态度与价值观,同时小组合作也能增强他们的创造力和逻辑思维能力,并使他们产生一定的信息社会责任。

## 【案例三:"活字印刷术"教案设计(LogoUp)】

一、教学目标

1. 了解 LogoUp 3D 软件的应用原理和方法,培养信息意识。

2. 学习 LogoUp 3D 软件的语言编程结构、方法等,培养计算思维。

3. 运用 LogoUp 3D 软件设计出简单的活字模。

二、教学过程

1. 教师通过向学生介绍四大发明之一的活字印刷术的历史,引入本节课的学习主题——活字模。

2. 教师通过展示活字印刷中的一些活字模板,向学生提问该活字模板的组成部分,为引出本堂课的学习中心做好铺垫。

3. 教师通过活字印刷术的过渡,讲述 LogoUp 3D 软件的相关知识,并教授活字模的设计步骤,发布项目任务,组织学生自己设计一款活字模。

具体步骤如下:

(1)绘制活字模具基底:

COLOR orange

CUBE 20, 20, 30

(2)旋转草图面方向,使绘制字体为反字:

UP 35

PITCH 180

YAW 180

TXTSTAMPEX "印",2

（3）拉伸字体：

EXTRUDE 5

CLEAR RESET

（4）移动草图面位置绘制另一个字的基底。旋转草图面方向,使绘制字体为反字：

MOVETO 30 , 0 , 0

CUBE 20 , 20 , 30

UP 35

YAW 180

PITCH 180

TXTSTAMPEX "刷" , 2

（5）拉伸字体：

EXTRUDE 5

CLEAR

RESET

4.学生展示学习成果。学生将自己设计出的活字模、自己的编程思路以及自己的学习心得分享出来。

5.学生进行拓展学习,运用所学知识,采用自主探索、交流合作、教师引导等多种方式设计一个刻有自己名字的印章。

6.学生展示拓展学习成果,教师及时进行评价并讲授其中的重点知识。

7.教师布置课后作业:学生利用一至两周的时间运用 LogoUp 3D 软件设计一款键盘。

三、教学评价

1.课前准备

上课前,学生应当提前阅读课本,预习本次所学内容。进入教室时,学生应当带齐学具有序排队入室。课前准备这一环节可通过学生自评、同学互评、教师评价三者结合来评价学生是否达成目标。

2.课堂表现

开始上课后,学生应当遵守纪律,不扰乱课堂秩序;遇到自己不解的难题时应勇于提出疑问;完成课堂任务时,应积极和老师同学交流、互帮互助。这一环节的评价贯穿整个教学过程,不可只进行阶段性的评价,要进行总体性的评价。

3.课堂效果

这一环节的评价重点在于学生完成教师发布的任务的表现程度:学生是否掌握了本节课所学的知识要点,是否完成老师布置的任务,完成任务的质量如何,是否在自己的作品中有所创新……这些都是评价的要点。

四、教学反思

通过该堂课的学习,学生可以掌握 LogoUp 3D 软件的运用方法和原理,培养信息意识,同时在学习中创新开拓自己的视野。本次课程运用学与练的结合,不再仅仅致力于教师传授知识,而是把舞台的中心交给了学生,让学生经过引导,去自主探索,自主创新,自主提升编程能力、计算思维。

## 【案例四:"三视图"教案设计(LogoUp)】

一、教学目标

1.了解三视图的概念以及绘图要点,掌握 LogoUp 3D 软件的运用原理,培养信息意识。

2.学习 LogoUp 3D 软件的语言编程结构、方法等,培养计算思维。

3.运用 LogoUp 3D 软件制作一件大小相同的零件。

二、教学过程

1.教师通过语文学科中苏轼的一首古诗《题西林壁》"横看成岭侧成峰,远近高低各不同。不识庐山真面目,只缘身在此山中"进行学科融合,引出三视图的概念,并向学生提问画三视图的注意事项。

2.教师向学生展示一幅机械三视图,与学生一起分析该机械的外在形状和内部结构,并教授零件的设计步骤,发布项目任务,组织学生制作一件大小相同的零件。

具体步骤如下:

(1)制作一个长方体:

RECT 60,30

FILL

EXTRUDE 30

CLEAR

(2)画出要抠除的三角形：

UP －15

PITCH 90

UP 16

GOTO －31，－3

DRAW

GO 18

TURN 90

GO 20

TURN 48 ＋90

GO 27

DONE

FILL

(3)画出下面要抠除的三角形字：

TURN －48

GO 1

DRAW

GO 11

TURN －90

GO 13

TURN －90 －50

GO 17

DONE

FILL

(4)向内削掉刚才的三角形：

CAVE 32

CLEAR

(5)画出要抠除的矩形:

UP 32

GO 10

RECT 61，12

FILL

(6)向内削掉刚才的矩形深度20:

CAVE 20

CLEAR

RESET

(7)在指定的位置挖一个圆孔槽:

UP 19

GOTO 10，-5

CIRC 5

FILL

CAVE 20

CLEAR

RESET

3.学生展示学习成果。学生将自己设计出的机械零件、自己的编程思路以及自己的学习心得分享出来。

4.学生进行拓展学习,运用所学知识,采用自主探索、交流合作、教师引导等多种方式制作一架飞机,学习运用工具栏中的正视图、左视图、右视图、俯视图和斜视图按钮观察飞机,并谈谈对苏轼《题西林壁》"横看成岭侧成峰,远近高低各不同"诗句的理解。

5.学生展示拓展学习成果,教师及时进行评价并讲授其中的重点知识。

6.教师布置课后作业:学生利用一至两周的时间运用 LogoUp 3D 软件制作一只鲁班鸟,并用工具栏中的正视图、左视图、右视图、俯视图和斜视图按钮观察鲁班鸟。

三、教学评价

1. 课前准备

上课前,学生应当提前阅读课本,预习本次所学内容;进入教室时应当带齐学具,有序排队入室。课前准备这一环节可通过学生自评、同学互评、教师评价三者结合来评价学生是否达成目标。

2. 课堂表现

开始上课后,学生应当遵守纪律,不扰乱课堂秩序;遇到自己不解的难题时应勇于提出疑问;完成课堂任务时,应积极和老师同学交流、互帮互助。这一环节的评价贯穿整个教学过程,不可只进行阶段性的评价,要进行总体性的评价。

3. 课堂效果

这一环节的评价重点在于学生完成教师发布的任务的表现程度:学生是否掌握了本节课所学的知识要点,是否完成老师布置的任务,完成任务的质量如何,是否在自己的作品中有所创新……这些都是评价的要点。

四、教学反思

通过该堂课的学习,学生不仅可以掌握 LogoUp 3D 软件的运用方法和原理,培养信息意识,还可以领略到语文古诗的魅力,感悟大自然的神奇奥秘,发掘世界的自然美好。本次课程运用学与练的结合,不再仅仅致力于教师传授知识,而是把舞台的中心交给了学生,让学生经过引导,去自主探索,自主创新,自主拓展,自主提升编程能力、计算思维。

**【案例五:"星球之家"教案设计(LogoUp)】**

一、教学目标

1. 了解某些天文现象,知道三球仪的作用,开阔视野。

2. 掌握 LogoUp 3D 软件的运用原理,培养信息意识。

3. 学习 LogoUp 3D 软件的语言编程结构、方法等,培养计算思维。

4. 运用 LogoUp 3D 软件设计简易的三球仪模型。

二、教学过程

1. 教师通过讲述天文学中"月球挡住了太阳射向地球的光,月球身后的黑影正好落到地球上""当月球运行至地球的阴影部分时,在月球和地球之间的地区因为太阳光被地球遮蔽,就会看到月球缺了一块"这些天文现象,进行学科融合,吸引学生注意,从而引出三球仪的概念和作用。

2. 教师向学生展示一组三球仪的图片,与学生一起分析探索月球、地球和太阳分别是三球仪中的哪个球,并教授三球仪模型的设计步骤,发布项目任务,组织学生设计简易的三球仪模型。

具体步骤如下:

(1)完成三球仪底座参数设置:

```
COLOR pink
DRAW
GOTO 20, 20
GOTO 139, 0
GOTO 20, -20
GOTO 0, 0
DONE
FILL
EXTRUDE 5
```

(2)清空重置草图,移动游标坐标,绘制圆形圆环草图,填充上笔环:

```
CLEAR
GOTO 20, 0
CIRC 2
FILL
GO 10
CIRC 2
FILL
GOTO 20, -10
CIRC 2
FILL
GOTO 10, 0
```

```
CIRC 2

FILL

GOTO 30, 0

CIRC 2

FILL

GOTO 27, 7

CIRC 2

FILL

GOTO 14, 7

CIRC 2

FILL

GOTO 14, -7

CIRC 2

FILL

GOTO 27, -7

CIRC 2

FILL
```

(3)完成圆孔镂空：

```
GOTO 100, 0

OVAL 9, 3

FILL

SUBTRACT on

EXTRUDE -10

SUBTRACT off

CLEAR
```

(4)做好托球架：

```
COLOR blue

MOVETO 20, 0, -2

CYLINDER 5, 2
```

```
CYLINDER 1.5, 10
UP 7
CYLINDER 5, 3
UP 3.4
RING 3.5, 0.2
```

(5)完成月球模型:

```
PUSH
PITCH 90
GOTO -3, 0
DRAW
GOTO -10, 0
GOTO -20, 10
GOTO -25, 10
DONE
EXTRUDE 2
CLEAR
MOVETO -8, -1, 19
COLOR yellow
SPHERE 4
POP
```

(6)完成三球仪:

```
COLOR blue
UP 10
SPHERE 10
MOVETO 100, 0, -2
CYLINDER 5, 2
CYLINDER 2, 10
UP 7
CYLINDER 6, 3
```

UP 23

COLOR red

SPHERE 20

RESET

3.学生展示学习成果。学生将自己设计出的三球仪模型、自己的编程思路以及自己的学习心得分享出来。

4.学生进行拓展学习,运用所学知识,采用自主探索、交流合作、教师引导等多种方式设计一个简易的地球仪模型。

5.学生展示拓展学习成果,教师及时进行评价并讲授其中的重点知识。

6.教师布置课后作业:学生利用一至两周的时间运用 LogoUp 3D 软件设计一个土星模型。

三、教学评价

1.课前准备

上课前,学生应当提前阅读课本,预习本次所学内容;进入教室时应当带齐学具,有序排队入室。课前准备这一环节可通过学生自评、同学互评、教师评价三者结合来评价学生是否达成目标。

2.课堂表现

开始上课后,学生应当遵守纪律,不扰乱课堂秩序;遇到自己不解的难题时应勇于提出疑问;完成课堂任务时,应积极和老师同学交流、互帮互助。这一环节的评价贯穿整个教学过程,不可只进行阶段性的评价,要进行总体性的评价。

3.课堂效果

这一环节的评价重点在于学生完成教师发布的任务的表现程度:学生是否掌握了本节课所学的知识要点,是否完成老师布置的任务,完成任务的质量如何,是否在自己的作品中有所创新……这些都是评价的要点。

四、教学反思

通过该堂课的学习,学生不仅可以掌握 LogoUp 3D 软件的运用方法和原理,培养信息意识,还可以领略到天文学的魅力,感悟天文地理中的神奇奥秘。本次课程运用学与练的结合,不再仅仅致力于教师传授知识,而是把舞台的中心交给了学生,让学生经过引导,去自主探索,自主创新,自主拓展,自主提升编程能力、计算思维。

### 【案例六:"基本实体(一)"教案设计(3D One)】

一、教学目标

1.学生学会绘制六面体,培养计算思维。

2.学生学会绘制球体,培养计算思维。

3.学生学会绘制圆柱体、圆锥体和椭球体,进行数字化创新与学习。

二、教学内容

3D One 提供直接运用的 3D 实体,大家只需要简单设置数据或拖动手柄,就能得到各种形状的 3D 实体,便于大家设计出精彩复杂的作品。本节课将会把 3D 实体这部分的教程拆分成数个部分,详细地给大家呈现,分别是基本实体、特殊造型、特殊功能、实体编辑。通过本节课程,学生可以理解 x、y、z 轴的意义,可以学会运用 3D One 绘制几何体。

三、教学步骤

1.绘制六面体:在左侧工具栏中基本实体下子菜单中选择六面体命令。六面体命令是通过在草图中取 3 点,即底面中心、长宽角点和高度角点,来定义一个立方体。大家可通过菜单设定立方体长、宽、高的数值,也可以通过拖动智能手柄来改变立方体长、宽、高的数值。

2.绘制球体:在左侧工具栏中基本实体下子菜单中选择球体命令。球体命令是通过在草图中取 2 点,这 2 点分别对应球心和半径,来定义一个球体。大家可通过菜单设定球体的半径,也可通过拖动智能手柄来改变球体的半径。

3.绘制圆柱体:在左侧工具栏中基本实体下子菜单中选择圆柱体命令。圆柱体命令是通过取 2 点,这 2 点分别是底面中心点和高度,来定义一个圆柱体。大家可以通过菜单设定圆柱体的中心点坐标、半径、高度,也可以通过拖动智能手柄来改变圆柱体的半径和高度。

4.绘制圆锥体:在左侧工具栏中基本实体下子菜单中选择圆锥体命令。圆锥体命令是通过取 4 点,这 4 点分别对应底面中心点、底面半径、高度、顶面半径,从而定义一个圆锥体或圆台。大家可通过菜单设定圆锥体的中心点坐标、底面半径、高度和顶面半径,也可以拖动智能手柄来改变圆锥体的底面、顶面半径和高度。

5.绘制椭球体:在左侧工具栏中基本实体下子菜单中选择椭球体命令。此命令通过取4点,即分别对应中心点、x轴、y轴、z轴方向长度,从而定义一个椭球体。大家可通过菜单设定椭球体的中心点坐标和x、y、z轴方向的长度,也可以拖动智能手柄来改变椭球体的x、y、z轴方向长度。

四、教学反思

通过本次课程,学生掌握了3D One的应用原理和方法,学生在学习中理解了x、y、z轴的意义,学会运用3D One绘制几何体提高信息意识和计算思维。在整个学习过程中,学生快乐学习,脱离枯燥的编程学习,运用"搭积木"的方式,进行数字化学习与创新。

## 【案例七:"基本实体(二)"教案设计(3D One)】

一、教学目标

1.掌握运用"直线"命令绘制"3D拼图"草图的方法,并将草图"拉伸"为实体,培养学生严肃认真的工作与学习态度。

2.根据六面体的展开图分析"3D拼图"拼装的过程,锻炼学生的空间思维能力和计算思维能力。

3.灵活运用"移动"命令中的"点到点移动""动态移动"进行"3D拼图"的拼装,旨在让学生了解这两个移动命令的区别并强化对命令操作的能力。

二、教学内容

通过本节课程,学生可以掌握"直线"命令绘制草图,能将草图"拉伸"为实体以及运用"点到点移动""动态移动"进行实体的拼接。

三、教学步骤

1.教师通过展示一张可打印的3D拼图,向学生提问如何运用3D One软件绘制并实现打印拼装,引出本节课主题。

2.教师发布项目任务,要求学生运用之前所学知识按相应要求绘制草图,并对绘制出的草图进行拉伸。

3. 学生展示项目成果,分享自己的项目思路及心得,教师及时评价。

4. 教师向学生展示正方体和长方体的侧面展开图,并组织学生进行分组讨论,交流并思考拼装的方法。

5. 学生按组进行回答,教师针对答案进行评价和讲解知识。

6. 教师进行手动操作展示部分拼装块的拼接,并留有时间组织学生自己进行操作。

7. 学生完成拼接后,向大家分享自己的思路心得,教师及时进行评价。

四、教学反思

通过本次课程,学生明白了要对设计进行虚拟验证可以在 3D One 中尝试拼装,拼装过程运用了点到点与动态移动命令,理解了点到点移动的关键在于起始点、目标点的选取,动态移动命令要注意移动与旋转的方向选取,在数字化创新与学习中培养了计算思维。

## 【案例八:"草图绘制"教案设计(3D One)】

一、教学目标

1. 学生学会绘制矩形、圆形等基本形状,培养计算思维。

2. 学生学会绘制文字。

3. 学生学会参考几何体投影二维曲线。

二、教学内容

为了给用户们更好的体验,3D One 在草图绘制界面上也体现"智能"特性。3D One 的草图绘制界面并不是一个严格意义上的三维界面,它仅有 xy 平面,没有 xz 平面和 yz 平面,绘制草图时不再需要选择草图建立平面,而是将创建草图的命令隐藏至后台,直接点选现有平面即可,实现了"搭积木"式模型建立的功能,更有利于低年级学生操作使用。3D One 的涂鸦式平面草图主要体现在草图绘制、草图编辑两部分。通过本节课程,学生可以学会运用 3D One 绘制出基础的图形。

三、教学步骤

1. 绘制矩形:在左侧工具栏中草图绘制下子菜单中选择绘制矩形命令,就能快速绘制一个给定长、宽的矩形,可通过菜单设定矩形两个相对点的坐标,也可通过拖动智能手柄来改变矩形的长和宽。

2.绘制圆形:在左侧工具栏中草图绘制下子菜单中选择绘制圆形命令,可以快速绘制一个给定半径的圆形,可通过菜单设定圆形圆心坐标和半径(或直径)的数值,也可通过拖动智能手柄来改变圆形的半径(或直径)。

3.绘制椭圆形:在左侧工具栏中草图绘制下子菜单中选择绘制椭圆形命令,可以快速绘制一个给定长轴、短轴的椭圆形,可通过菜单设定椭圆形圆心坐标、横轴的角度、长轴和短轴的长度,也可通过拖动智能手柄来改变椭圆形横轴的角度、长轴和短轴的长度。

4.绘制正多边形:在左侧工具栏中草图绘制下子菜单中选择绘制正多边形命令,可以快速绘制一个给定外接圆半径、边数的正多边形,可通过菜单设定正多边形外接圆的圆心坐标和半径、正多边形的边数、横轴的角度,也可通过拖动智能手柄来改变多边形外接圆的半径和横轴的角度。

5.绘制直线:在左侧工具栏中草图绘制下子菜单中选择绘制直线命令,可以通过给定点距离来快速绘制直线,也可选择通过菜单设定直线两点坐标值或一点坐标值和直线长度来确定直线。与其他大部分草图绘制命令不同的是,这个直线命令没有用来改变直线的智能手柄。

6.绘制圆弧:在左侧工具栏中草图绘制下子菜单中选择绘制圆弧命令,可以通过给定点两点和半径快速绘制圆弧,也可选择通过菜单设定圆弧两端点坐标值和圆弧半径来确定圆弧。与其他大部分草图绘制命令不同的是,这个圆弧命令没有用来改变圆弧的智能手柄。

7.绘制多段线:在左侧工具栏中草图绘制下子菜单中选择绘制多段线命令,可以通过多点连续来绘制多段连续直线,此项命令没有菜单设定功能,多段线上的点均通过鼠标点选得到,再修改多段线就只能通过鼠标拖拽直线实现。

8.通过点绘制曲线:在左侧工具栏中草图绘制下子菜单中选择通过点绘制曲线命令,可以通过连续点选来绘制样条曲线,通过菜单设定每个点的坐标,也可拖动智能手柄使每个点的切线、曲率半径、相切权重发生改变,从而改变样条曲线的形状。

9.绘制文字:在左侧工具栏中草图绘制下子菜单中选择绘制预制文字

命令,此命令将文字直接转换为草图,可通过菜单设定文字左下角点坐标和文字内容,并且通过拖动智能手柄改变文字的大小。此时得到的文字是以草图形式存在,并且可以进行拉伸、旋转、放样等。

10. 绘制几何体:在左侧工具栏中草图绘制下子菜单中选择参考几何体命令,使用此命令把零件或组件中的三维曲线投影到草图平面中变成二维曲线。先通过点选确定草图平面,再选择要投影的曲线,就可以将曲面投影到 xy 平面了。

四、教学反思

通过本次课程,学生掌握了 3D One 的应用原理和方法。学生在学习中可以利用 3D One 绘制出基础的图形、文字,更拓展地学习到如何绘制立体几何图形,提高信息意识和计算思维。在整个学习过程中,学生快乐学习,脱离枯燥的编程学习,运用"搭积木"的方式,进行数字化学习与创新。


## 【案例九:"草图编辑"教案设计(3D One)】

一、教学目标

1. 学生学会草图的圆角,培养计算思维。

2. 学生学会草图的倒角,培养计算思维。

3. 学生学会曲线的编辑,培养计算思维。

二、教学内容

3D One 的涂鸦式平面草图主要体现在草图绘制、草图编辑两部分。通过本节课程,学生可以学会运用 3D One 进行圆角、倒角、曲线的编辑。

三、教学步骤

1. 编辑圆角:在左侧工具栏的草图编辑下子菜单中选择圆角命令,使用该命令可以创建两条曲线间的圆角,点选草图中两条不同的曲线后,再在菜单中设置圆角半径。圆角命令能够使草图显得圆滑美观,更加贴合审美。

2. 编辑倒角:在左侧工具栏的草图编辑下子菜单中选择倒角命令,使用该命令创建两条曲线间的倒角,点选草图中两条不同的曲线后,再在菜单中设置直角边距离。3D One 默认的倒角参数为 45°,可通过拖动曲线与直角交点来改变倒角角度。

3. 单击修剪:在左侧工具栏的草图编辑下子菜单中选择修剪命令,修剪命令用于已选曲线段的自动修剪,可直接选择修剪线段,也可选择两点修剪其间线段,是比较智能的。修剪命令在草图编辑中应用广泛,多用于复杂草图绘制时去掉多余的曲线。

4. 修剪/延伸曲线:在左侧工具栏的草图编辑下子菜单中选择修剪/延伸曲线命令,该命令除了用于修剪/延伸直线、弧或曲线,还可以修剪/延伸一个点或输入一个延伸长度。延长命令多用于复杂草图的绘制或对修剪过度的补救。

5. 偏移曲线:在左侧工具栏的草图编辑下子菜单中选择偏移曲线命令,这个命令用于偏移复制直线、弧或曲线,可以通过菜单设置偏移距、选择偏移的方向,也可两个方向都偏移。偏移命令多用于完全复制草图中的复杂曲线,能够实现偏移距离精确,适合绘制复杂草图。

四、教学反思

通过本次课程,学生掌握了 3D One 的应用原理和方法。学生在学习中可以利用 3D One 进行圆角、倒角、曲线的编辑,拓展学习了修剪/延伸、偏移等,提高了信息意识和计算思维。在整个学习过程中,学生快乐学习,脱离枯燥的编程学习,运用“搭积木”的方式,进行数字化学习与创新。

# 参 考 文 献

[1]陈森昌,陈曦.3D 打印的后处理及应用[M].武汉:华中科技大学出版社,2017.

[2]辛志杰.逆向设计与 3D 打印实用技术[M].北京:化学工业出版社,2017.

[3]吴霞.人类首次在太空实现 3D 打印生物器官[J].计算机与网络,2018,44(24):15.

[4]新知.国际空间站将启用 3D 打印机[J].科学大观园,2013(12):68 – 69.

[5]张翼麟,王一琳.美国海军将装备 MQ – 8C 火力侦察兵无人机执行电子战任务[J].战术导弹技术,2014(4):112.

[6]杨开.NASA 为大尺寸发动机组件开发新型 3D 打印技术[J].航天制造技术,2020,223(5):70.

[7]仰东萍,姚永玲.北京大学第三医院完成中国首例 3D 打印脊椎手术[J].中华医学信息导报,2016(14):6.

[8]佚名.3D 打印心脏[J].销售与管理,2014(11):128.

[9]刘珍,孙朋杰.首款 3D 打印抗癫痫药物:Spritam[J].药学研究,2015,34(9):556 – 558.

[10]佚名.四川省蓝光英诺公司成功将 3D 打印血管植入动物体内[J].生物学教学,2017,42(6):70.

[11]佚名.3D 打印出生物工程脊髓[J].光学精密机械,2018(4):37.

[12]小地.10 幢 3D 打印房屋亮相上海[J].印刷杂志,2014(9):76.

[13]佚名.Local Motors 公布 3D 打印设计赛获奖车型[J].汽车实用技术,2014(6):32.

[14]张晔.基建神器"一航津平 2"[J].金秋,2019(17):11 – 13.

［15］孙凯丽,别旭,孙秀珍.3D 打印技术在耳鼻咽喉科应用及展望［J］.河北医科大学学报,2020,41(4):494-497.

［16］孙立会,周丹华.国际儿童编程教育研究现状与行动路径［J］.开放教育研究,2019,25(2):13.

［17］折然君.中关村:打造中国的创客地标［J］.中国高新区,2014(12):86-91.

［18］王舒颖.深圳:"创客之城"的军民融合［J］.国防科技工业,2015(5):36-40.

［19］谢兆水.浅谈创客精神在小学数学学习中的渗透:以"圆锥的体积"学习为例［J］.中小学数学(小学版),2015(10):8-9.

［20］顾烨.少儿公共图书馆创客空间建设及服务研究［J］.2020,10(18):131.

［21］王威,邓硕.基于 LogoUp 3D 软件的初中信息技术课堂计算思维的培养［J］.中国信息技术教育,2021(18):43-44.

［22］贾汉文.创客 3D 创意设计比赛启动　赢取 3D 打印机［J］.计算机与网络,2016,42(15):16.

［23］于娜.基于 3D One 雕塑功能在三维设计与创意高中信息技术校本课程中的应用分析［C］∥教育部基础教育课程改革研究中心.2020 年"基于核心素养的课堂教学改革"研讨会论文集.北京,2020:986-989.

［24］吴超璇,齐霖.快速成为一名"程序猿"［J］.新经济,2014(30):70-71.

［25］郑银欢.基于教学改革小学高年级开展 Paracraft3D 动画编程的实践研究［J］.传奇故事,2022(9):111-112.

［26］JIMÉNEZ M,Romero L,Domínguez I A,et al. Additive manufacturing technologies:an overview about 3D printing methods and future prospects［J］. Complexity,2019:1-30.

［27］KORNIEJENKO K,PŁAWECKA K,KOZUB B. An overview for modern energy-efficient solutions for lunar and martian habitats made based on geopolymers composites and 3D printing technology［J］.Energies,2022,15(24):

9322.

［28］Mendonça C J A，Guimarães R M D R，Pontim C E，et al. An overview of 3D anatomical model printing in orthopedic trauma surgery［J］. Journal of multidisciplinary healthcare，2023，16（2023）:875 – 887.

［29］SUN J，ZHOU W B，HUANG D J，et al. An overview of 3D printing technologies for food fabrication［J］. Food and bioprocess technology，2015，8（8）:1605 – 1615.

［30］LIVESU M，ELLERO S，MARTÍNEZ，J，et al. From 3D models to 3D prints:an overview of the processing pipeline［J］. Computer graphics forum，2017，36（2）:537 – 564.

［31］ZHANG J C，YU Z H. Overview of 3D printing technologies for reverse engineering product design［J］. Automatic control and computer sciences，2016，50（2）:91 – 97.

［32］JHINKWAN A，KALSI S，PANKAJ. An overview on 3D metal printing technology in automobile industry［J］. AIP conference proceedings，2023，2558（1）:1 – 9.

［33］SONG H W，LI X L. An overview on the rheology，mechanical properties，durability，3D printing，and microstructural performance of nanomaterials in cementitious composites［J］. Materials，2021，14（11）:2950.

［34］KAPILKUMAR V，ALVARO G，VINCENT J，et al. An overview of 3D printing technologies for soft materials and potential opportunities for lipid-based drug delivery systems［J］. Pharmaceutical research，2018，36（1）:4.

［35］CHAROO N A，BARAKH A S F，MOHAMED E M，et al. Selective laser sintering 3D printing:an overview of the technology and pharmaceutical applications［J］. Drug development and industrial pharmacy，2020，46（6）:869 – 877.

［36］JONES R，HAUFE P，SELLS E，et al. RepRap—the replicating rapid prototyper［J］. Robotica，2011，29（1）:177 – 191.